普通高等教育"十四五"实验系列教材

# 机械设计基础实验

主编 杨文敏 戴 娟

 西安交通大学出版社
XI'AN JIAOTONG UNIVERSITY PRESS

**图书在版编目(CIP)数据**

机械设计基础实验/杨文敏,戴娟主编.—西安:
西安交通大学出版社,2021.8
ISBN 978-7-5693-2223-1

Ⅰ.①机… Ⅱ.①杨… ②戴… Ⅲ.①机械设计—
实验—高等学校—教材 Ⅳ.①TH122-33

中国版本图书馆 CIP 数据核字(2021)第 138326 号

| | | |
|---|---|---|
| 书 名 | 机械设计基础实验 | |
| 主 编 | 杨文敏 戴 娟 | |
| 责任编辑 | 郭鹏飞 | |
| 责任校对 | 李 佳 | |

出版发行　西安交通大学出版社
　　　　　(西安市兴庆南路 1 号　邮政编码 710048)
网　　址　http://www.xjtupress.com
电　　话　(029)82668357　82667874(发行中心)
　　　　　(029)82668315(总编办)
传　　真　(029)82668280
印　　刷　陕西奇彩印务有限责任公司

开　　本　787mm×1092mm　1/16　　印张　5.75　　字数　143 千字
版次印次　2021 年 8 月第 1 版　　2021 年 8 月第 1 次印刷
书　　号　ISBN 978-7-5693-2223-1
定　　价　22.00 元

如发现印装质量问题,请与本社发行中心联系、调换。
订购热线:(029)82665248　(029)82665249
投稿热线:(029)82664954
读者信箱:1410465857@qq.com

# 前　言

根据新工科建设背景下对课程改革的要求，为了提升实验教学在机械原理、机械设计、机械设计基础等课程教学中的地位和作用，突出学生的创新设计能力培养，遵循专业教育认证标准中"能力导向"的基本原则以及《高等学校机械基础课程教学基本要求》(2019 年)，我们编写了《机械设计基础实验》教材。本教材将机械原理课程实验和机械设计课程实验整合到一起。

本教材由 15 个实验的实验指导和实验报告模板组成，其中机械原理实验 8 个：机构认识、机构运动简图的测绘、齿轮范成、渐开线齿轮基本参数的测定、刚性转子动平衡、平面机构设计与运动分析、慧鱼机构创新和机构组合创新设计实验；机械设计实验 7 个：螺栓联接、带传动、齿轮传动、滑动轴承、轴系结构设计、减速器拆装、机械传动系统的设计与性能测试。这些实验与机械原理、机械设计、机械设计基础 3 门理论课程配套开设。各高校可根据不同专业不同学时和教学大纲要求，可以全部开出，也可部分选做。实验指导简明扼要，实用性强。实验报告，每个实验单独成页，学生使用和提交方便。

本教材由湖南农业大学杨文敏和长沙大学戴娟主编，湖南农业大学刘大为、邹运梅参编，湖南农业大学吴志立主审。本教材引用了杭州星辰科教有限公司、杭州九润科技有限公司、长沙嘉锐科技发展有限公司等相关实验设备使用说明书的部分内容，在此表示衷心感谢。

编　者

2021 年 6 月

# 目　录

# 实验一　机构认识实验

## 一、实验目的

(1)加强对机械与机器的认识。

(2)通过实验,直观、全面地了解机械原理这门课程所研究的各种常用机构的结构、类型、特点和应用。

(3)通过观察各种机构的运动,增强对各种机器与机构的感性认识。

## 二、实验设备

机构示教柜一组。

## 三、实验内容

本示教柜是根据机械原理课程教学内容设计的,它由 10 个陈列柜组成,主要展示机构的组成,平面连杆机构、空间连杆机构、凸轮机构、齿轮机构、轮系、间歇运动机构,以及组合机构等的结构、类型、应用,演示机构的传动原理。

## 四、实验开设说明

本实验安排可由教师根据教学实际情况,参照教学大纲基本要求穿插在教学过程中进行。

## 五、思考题

(1)机械原理课程所研究的对象和主要内容是什么?

(2)平面四连杆机构有哪些类型?这些机构的运动副有什么特点?哪些四连杆机构能实现将旋转运动转换为移动或者由移动转换为转动?并举例说明。

(3)用于传递两平行轴、两相交轴、两交错轴的回转运动的齿轮机构有哪些?哪种齿轮机构能实现将旋转运动转换为移动或者由移动转换为转动?并举例说明。

(4)本次机构认识的实验收获与建议。

# 实验二　机构运动简图的测绘与分析

## 一、实验目的

(1)熟悉各种运动副、构件与机构的代表符号,初步掌握根据实际使用的机器或机构,进行机构运动简图测绘的基本方法、步骤和注意事项。

(2)进一步加深理解机构的组成原理和机构自由度的含义;掌握机构自由度的计算方法及机构具有确定运动的条件。

(3)了解机构运动简图与实际机械、机构的区别。

## 二、实验设备

(1)机构模型(牛头刨床模型、冲床模型、步进输送机、内燃机模型等教具模型)和机器(自行车、缝纫机、插齿机等)。

(2)测量工具:钢尺、内外卡规、量角器等测量工具。

(3)绘图工具:三角板、圆规、铅笔、橡皮、草稿纸(学生自备)。

## 三、实验原理

从运动学观点来看,机构的运动仅与组成机构的构件和运动副的数目、种类以及它们之间的相互位置有关,而与构件的复杂外形、断面大小、运动副的构造无关,为了简单明了的表示某一个机构的运动情况,可以不考虑那些与运动无关的因素(构件外形、断面尺寸、运动副的结构)。而用一些简单的线条和所规定的符号表示构件和运动副(规定符号见理论课教材),并按一定的比例表示各运动副的相对位置,以表明机构的运动特性。

凡不按比例绘出的图称为机构结构简图或机构示意图,它只能定性地研究机构的某些运动特性(如自由度);凡按比例尺绘出的图称为机构运动简图,根据机构运动简图可定量地分析机构的运动。

## 四、实验内容

(1)先由指导教师对测绘过程进行讲解示范,然后分组进行测绘。

(2)每个同学应至少测量三个机构,其中按比例绘制2~3个机构运动简图,另外一个(实际机器)可绘制机构示意图(用目测法使各构件大致成比例,以利于分析)。

(3)计算所画机构的自由度,判断其能否成为机构。

## 五、实验方法与步骤

(1)缓慢转动被测机构的原动件,仔细观察机构运动情况,并找出从原动件到工作部分的机构传动路线。

(2)由机构的传动路线找出组成机构的构件数目、运动副的种类和数目。

（3）合理选择投影平面,选择原则:平面机构运动平面即为投影平面,其他机构选择大多数构件运动的平面作为投影平面。

（4）在草稿纸上徒手按规定的符号及构件的联接顺序,逐步画出机构运动简图的草图,然后用数字标注各构件的序号,用英文字母标注各运动副。

（5）计算机构的自由度,并以此检查所绘机构运动简图的草图是否正确。在计算自由度时应注意复合铰链、虚约束及局部自由度。

（6）仔细测量机构的运动学尺寸,如回转副的中心距、移动副导路间的相对位置,标注在草图上。

（7）在实验报告的图框中确定原动件的位置,选择合适的比例尺把草图画成正规的运动简图。

比例尺:

$$\mu_L = \frac{\text{实际长度 } L(\text{m})}{\text{图上长度}(\text{mm})}$$

计算平面机构自由度公式:

$$F = 3n - 2P_L - P_h \qquad\qquad (2-1)$$

式中,$n$ 为机构中活动构件的数目;$P_L$ 为机构中低副的数目;$P_h$ 为机构中高副的数目。

## 六、完成实验报告(见附录)

# 实验三　渐开线齿轮范成实验

## 一、实验目的

(1)掌握用范成法切制渐开线齿轮的基本原理。

(2)了解工厂中实际加工渐开线齿轮(滚齿加工与插齿加工)的生产过程。

(3)熟悉渐开线齿轮各参数的计算公式以及不同参数对齿形的影响。

(4)了解渐开线齿轮产生根切现象的原因和避免根切的方法。

(5)分析比较标准齿轮与变位齿轮的异同点。

(6)学生可以自主设计实验题目,利用"齿轮范成原理计算机模拟系统"软件验证自己结论的正确性。

## 二、实验设备

(1)渐开线齿轮范成仪。

(2)被加工齿轮模板。

(3)铅笔、橡皮、剪刀。

齿轮范成仪的构造如图3-1所示。圆盘(1)绕其固定轴心 $O$ 转动,在圆盘上固定有扇形齿轮(2),齿条(3)固定在横拖板(4)上,并可沿机座(7)作水平方向移动,齿条移动时带动扇形齿轮转动,齿条与扇形齿轮啮合点的中心圆(以 $O$ 点为圆心)等于被加工齿轮的节圆。扇形齿轮与齿条的相对运动相当于被加工齿轮与齿条刀具的相对运动。松开紧固螺钉(5),齿条刀具(6)可以在横拖板上沿垂直方向移动,从而可以调节刀具中线至被加工轮坯中心的距离,这样就能加工标准或变位齿轮。

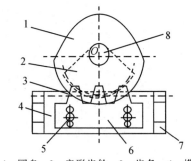

1—圆盘;2—扇形齿轮;3—齿条;4—横拖板;
5—紧固螺钉;6—齿条刀具;7—机座;8—压纸板

图3-1　齿轮范成仪的构造

## 三、实验原理

范成法又称展开法、共轭法或包络法。范成法加工就是利用机构本身形成的运动来加工的一种方法。对齿轮传动来说,一对互相啮合的齿轮其共轭齿廓是互为包络的。因此加工时视其一轮为刀具,另一轮为待加工轮坯。只要刀具与轮坯之间的运动和一对真正的齿轮互相啮合传动一样,则刀具刀刃在轮坯的各个位置的包络线就是渐开线。实际加工时,刀具除作展成运动外还沿着轮坯轴线作切削运动,我们也看不清刀刃形成包络轮齿的过程。本实验将通过齿轮范成仪来表现这一过程,与实际不同之处在于实验中轮坯静止,齿条绕其作纯滚动,但二者的相对运动与实际加工时是相同的。用铅笔将齿条刀具刀刃在范成运动中的各个位置描绘在轮坯纸上,这样我们就能清楚地观察到轮齿范成的过程。

在形成过程中,为了能形成被加工齿轮的径向间隙,齿条刀具的齿顶高加高 $c^*m$ mm。即:$h_a = (h_a^* + c^*)m$。

## 四、实验步骤

**1.轮坯纸的准备**

(1)根据所用范成仪的扇形齿轮的分度圆直径 $d$ 和齿条刀的模数 $m$,求出被切齿轮的齿数 $Z$。

(2)计算出被加工的标准齿轮和正负变位(变位系数 $x = \pm 0.5$)、齿轮的齿顶圆直径 $d_a$、齿根圆直径 $d_f$ 和基圆直径 $d_b$,并在纸上画出 $d_a$ 和 $d_f$。

(3)接着将图纸剪成比齿顶圆直径 $d_a$ 大 2~3 mm 的圆形,最后剪下安装中心孔。

**2.标准齿轮的绘制**

(1)松开螺钉、旋钮,取下压纸板,安装好轮坯纸,然后旋上旋钮,此时暂不要旋紧。

(2)调节齿条插刀,要求刀具中线与轮坯的分度圆切线重合,此时旋紧旋钮及螺钉。并记下刀具此时在标尺的位置,作为绘制变位齿轮的基准。

(3)开始"切制"齿廓时,先将溜板和刀具推向一端,然后每当向另一端推进一个间隔 2~3 mm,就用铅笔描下刀具齿廓(即刀刃)所占据的所有位置。依此进行,直到把刀具推到另一端为止,那么一系列的刀刃齿廓所包络的曲线就是渐开线齿形。

**3.正变位齿轮的绘制**

(1)松开螺钉及旋钮,将轮坯纸旋转,并要求刀具中线与分度圆切线重合,此时将旋钮旋紧,且将齿条刀平移远离轮坯中心一段距离 $xm$ mm,其数据在标尺上读出,然后将螺钉拧紧。

(2)重复标准齿轮绘制方法的第(3)步骤。

**4.负变位齿轮的绘制**

负变位齿轮的绘制方法和步骤与绘制正变位齿轮基本相同,不同的只是齿条刀向轮坯中心移动一段距离 $xm$ mm。

**5.绘制完毕后取下图纸,并将范成仪恢复到原状态**

## 五、实验内容

(1)用 $m = 8$ 的齿轮插刀分别绘出标准齿轮和变位齿轮的完整齿形 1~2 个,如图 3-2 所示。(齿数 $z = 20$ 的齿轮必做,$z = 10$ 的齿轮选做)

(2)在绘制过程中,注意观察齿轮产生根切的现象及根切的部位,并分析产生根切的原因,然后绘制不产生根切的齿廓。

(3)将图纸固定在圆盘上,对准中心,调节刀具分度线与轮坯分度圆相切,制作标准齿轮。

(4)开始切制齿轮时,将刀具推到最右边,然后每当把溜板向左推动一个距离时,在代表齿轮环的图纸上,用铅笔描下刀具刀刃的位置,直到形成 2~3 个完整的齿形为止。

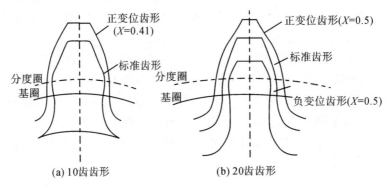

图 3-2 齿形对比图

(5)使刀具离开轮坯中心,正移距值 $Xm$ mm,又绘出齿廓,观察齿廓形状,看齿顶有无变尖现象。

(6)使刀具接近轮坯中心,负移距值 $Xm$ mm,又绘出齿廓,观察齿廓形状,看有无根切现象。

(7)比较所得的标准齿轮和变位齿轮的齿厚、齿槽宽、周节、齿顶齿厚、基圆齿厚、齿根圆、齿顶圆、分度圆和基圆的相对变化特点。

## 六、实验报告内容及要求

1.提交绘制好的三种齿轮的纸坯

2.思考题

(1)用齿条刀具加工标准齿轮和变位齿轮时,啮合线的位置及啮合角的大小是否有变化?为什么?若用齿轮插刀加工时,情况又如何?

(2)观察你所绘制的正变位齿轮齿形与负变位齿轮齿形,它们是否有齿顶变尖或根切现象?是什么原因引起的?如何避免?

3.收获与建议

# 实验四　渐开线齿轮参数测定实验

## 一、实验目的

(1)掌握用普通游标卡尺测定渐开线齿轮基本参数的基本技能。

(2)进一步巩固和熟悉齿轮各部分名称、尺寸与基本参数之间的关系及渐开线的性质。

## 二、实验用具

渐开线齿轮测定箱、普通游标卡尺、计算器(自备)。

## 三、实验原理

使用游标卡尺量出齿廓公法线长度及几个主要几何尺寸,利用"渐开线上任意点的法线恒为基圆的切线"这一特性及渐开线齿轮上的可测量的几个主要几何尺寸与基本参数之间的关系,计算确定直齿圆柱齿轮的基本参数:齿数 $z$ 、模数 $m$ 、压力角 $\alpha$ 、齿顶高系数 $h_a^*$ 、顶隙系数 $c^*$ 及变位系数 $x$ ,并进一步确定齿轮传动的类型,求出主要的啮合参数。

**1.确定齿数 $z$**

齿数 $z$ 一般可直接从被测定齿轮上数出。

**2.确定模数 $m$ 和压力角 $\alpha$**

(1)测定基圆周节 $P_b$ 和基圆齿厚 $S_b$ 。确定模数 $m$ 和压力角 $\alpha$ ,比较可靠而常用的方法是测量公法线长度法。测量齿轮公法线长度也是检验齿轮精度常用的方法之一。

如图 4-1 所示,在测量公法线长度时,用卡尺的两个卡脚跨过齿轮的 $k$ 个轮齿( $k \geqslant 2$ )卡脚与齿廓相切于 $A$ 、$B$ 两点,则两卡脚间的距离即为被测量的齿轮跨 $k$ 个齿的公法线长度 $W_k$ 。由渐开线性质可知,齿廓间的公法线长度 $AB$ 与所对的基圆上的弧长 $A_0B_0$ 长度相等。由图 4-1 可知:

$$W_k = (k-1)P_b + S_b$$

卡住( $k+1$ )个齿,测得齿廓间的公法线长 $W_{k+1}$ ,且由图 4-1 可知, $W_{k+1} = kP_b + S_b$

所以
$$P_b = W_{k+1} - W_k \tag{4-1}$$

$$S_b = W_{k+1} - kP_b = kW_k - (k-1)W_{k+1} \tag{4-2}$$

式(4-2)中, $k$ 为跨齿数,可由下列公式计算

$$k = \frac{\alpha}{180°} \cdot z + 0.5 \tag{4-3}$$

式中, $\alpha$ 为齿轮压力角; $z$ 为被测齿轮齿数。

我国生产的模数制齿轮,标准压力角为 $15°$ 或 $20°$ 。若压力角为 $20°$ ,可直接由表 4-1 查出跨齿数 $k$ ,在不知道压力角时,可进行试选。

为减小测量误差,应该注意以下几点。

(1)测量按图 4-1 所示方法进行,即卡尺两脚要与齿面相切,卡尺与齿面渐开线的接触点

最好在齿的中部附近,不要接触齿尖和齿根圆角。

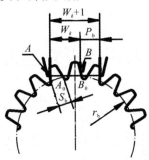

图 4-1　公法线长度的测量

(2)由于公法线长度有变化量误差,故在测量 $W_k$ 和 $W_{k+1}$ 时,必须在同一位置测量并相减求 $P_b$,且 $W_k$ 与 $W_{k+1}$ 均应在齿轮一周的三个均分位置各测量一次,取其平均值。

(3)确定模数 $m$ 和压力角 $\alpha$。

因 $P_b = \pi m \cos\alpha$,求得 $P_b$ 后可由下式算出模数:

$$m = P_b/(\pi\cos\alpha) \qquad (4-4)$$

式中,$\alpha$ 可能是 15°,也可能是 20°,应分别将 $\alpha$ 的这两个值代入式(4-4),算出两种可能的 $m$ 值,由于一个齿轮分度圆上的 $m$ 只可能有一个值,而且是标准值,因此最接近该计算数值的模数标准值即为所测齿轮的 $m$ 值。(标准模数系列见理论课相关教材)

根据齿数 $z$ 和以后测出的齿根圆直径、齿顶圆直径还可进一步校检所确定的 $m$ 和 $\alpha$ 是否合适,如果不合适可再进行调整,直至令人满意为止。当然,对于标准齿轮,因其齿顶圆直径 $d_a = (z + 2h_a^*)m$,故也可以测量出齿顶圆直径初定模数 $m$。

$$m = \frac{d_a}{z + 2 \cdot h_a^*} \qquad (4-5)$$

将 $h_a^* = 1$,$h_a^* = 0.8$ 分别代入式(4-5),得出的模数应为标准值,则该齿轮是标准齿轮。若不为标准值,则可考虑该齿轮为变位齿轮,因为在式(4-5)中,我们未考虑变位系数 $x$ 及齿顶高变动系数 $\Delta y$ 对齿顶圆直径 $d_a$ 的影响。

**3.判断齿轮类型,确定变位系数 $x$**

当齿轮的模数 $m$ 和压力角 $\alpha$ 确定后,可按下式计算出标准齿轮的公法线长度:

$$W_k = m\cos\alpha[\pi(k - 0.5) + z \text{ inv}\alpha] \qquad (4-6)$$

式中,$k$ 为跨测齿数;$\text{inv}\alpha$ 为渐开线函数,其数值可查表 4-2。

为了计算方便,将 $m = 1$ mm,$\alpha = 20°$ 的渐开线标准直齿圆柱齿轮的公法线长度 $W$ 列在表 4-1 中以便查取。使用该表时,如果模数不等于 1 mm,则可先在表中查出 $m = 1$ mm 时的 $W'$ 值,然后乘以齿轮的实际模数值,即 $W_k = W' \cdot m$ 就是所求的跨 $k$ 齿的公法线长度计算值。

将计算值 $W_k$ 与实际测量值 $W_k'$ 进行比较,如果 $W_k = W_k'$,则该齿轮为标准齿轮,其变位系数 $x = 0$,否则就是变位齿轮。因为齿轮在基圆上的齿厚 $S_b$ 可以根据下式求得,即

$$S_b = S\cos\alpha + 2r_b\text{inv}\alpha$$

$$= m\left(\frac{\pi}{2} + 2x\tan\alpha\right)\cos\alpha + mz\cos\alpha \cdot \text{inv}\alpha$$

所以

$$x = \frac{\dfrac{S_b}{m\cos\alpha} - \dfrac{\pi}{2} - Z \cdot \text{inv}\alpha}{2\tan\alpha} \tag{4-7}$$

式中，$S_b$ 由测量得到，即：

$$S_b = kW'_k - (k-1)W'_{k+1}$$

当 $x > 0$ 时，该齿轮为正变位齿轮；

当 $x < 0$ 时，该齿轮为负变位齿轮。

**表 4-1  标准直齿圆柱齿轮的跨测齿数 $k$ 及公法线长度 $W$**

| 齿数 $Z$ | 跨齿数 $k$ | $m=1$ 的公法线长度 $W'$ | 齿数 $Z$ | 跨齿数 $k$ | $m=1$ 的公法线长度 $W'$ | 齿数 $Z$ | 跨齿数 $k$ | $m=1$ 的公法线长度 $W'$ |
|---|---|---|---|---|---|---|---|---|
| 10 | 2 | 4.5683 | 23 | 3 | 7.7025 | 36 | 5 | 13.7888 |
| 11 | 2 | 4.5823 | 24 | 3 | 7.7165 | 37 | 5 | 13.8028 |
| 12 | 2 | 4.5963 | 25 | 3 | 7.7305 | 38 | 5 | 13.8168 |
| 13 | 2 | 4.6103 | 26 | 3 | 7.7445 | 39 | 5 | 13.8308 |
| 14 | 2 | 4.6243 | 27 | 4 | 10.7106 | 40 | 5 | 13.8448 |
| 15 | 2 | 4.6383 | 28 | 4 | 10.7246 | 41 | 5 | 13.8588 |
| 16 | 2 | 4.6523 | 29 | 4 | 10.7386 | 42 | 5 | 13.8728 |
| 17 | 2 | 4.6663 | 30 | 4 | 10.7526 | 43 | 5 | 13.8868 |
| 18 | 3 | 7.6324 | 31 | 4 | 10.7666 | 44 | 5 | 13.9008 |
| 19 | 3 | 7.6464 | 32 | 4 | 10.7806 | 45 | 6 | 16.8670 |
| 20 | 3 | 7.6604 | 33 | 4 | 10.7946 | 46 | 6 | 16.8810 |
| 21 | 3 | 7.6744 | 34 | 4 | 10.8086 | 47 | 6 | 16.8950 |
| 22 | 3 | 7.6885 | 35 | 4 | 10.8227 | 48 | 6 | 16.9090 |

**表 4-2  渐开线函数($\text{inv}\alpha$)表(节选)**

| $\alpha/°$ | 次 | 0′ | 5′ | 10′ | 15′ | 20′ | 25′ | 30′ | 35′ | 40′ | 45′ | 50′ | 55′ |
|---|---|---|---|---|---|---|---|---|---|---|---|---|---|
| 10 | 0.00 | 17941 | 18397 | 18860 | 19332 | 19812 | 20299 | 20795 | 21299 | 21810 | 22330 | 22859 | 23396 |
| 11 | 0.00 | 23941 | 24495 | 25057 | 25628 | 26208 | 26797 | 27394 | 28001 | 28618 | 29241 | 29875 | 30518 |
| 12 | 0.00 | 31171 | 31832 | 32504 | 33185 | 33875 | 34575 | 35285 | 36005 | 36735 | 37474 | 38224 | 38984 |
| 13 | 0.00 | 39754 | 40534 | 41325 | 42126 | 42938 | 43760 | 44593 | 45437 | 46291 | 47157 | 48033 | 48921 |
| 14 | 0.00 | 49819 | 50729 | 51650 | 52582 | 53526 | 54482 | 55448 | 56427 | 57417 | 58420 | 59434 | 60460 |
| 15 | 0.00 | 61498 | 62548 | 63611 | 64686 | 65773 | 66873 | 67985 | 69110 | 70248 | 71398 | 72561 | 73738 |
| 16 | 0.0 | 07493 | 07613 | 07735 | 07857 | 07982 | 08107 | 08234 | 08362 | 08492 | 08623 | 08756 | 08889 |
| 17 | 0.0 | 09025 | 09161 | 09299 | 09439 | 09580 | 09722 | 09866 | 10012 | 10158 | 10307 | 10456 | 10608 |
| 18 | 0.0 | 10760 | 10915 | 11071 | 11228 | 11387 | 11547 | 11709 | 11873 | 12308 | 12205 | 12373 | 12543 |

| $\alpha/°$ | 次 | 0′ | 5′ | 10′ | 15′ | 20′ | 25′ | 30′ | 35′ | 40′ | 45′ | 50′ | 55′ |
|---|---|---|---|---|---|---|---|---|---|---|---|---|---|
| 19 | 0.0 | 12715 | 12888 | 13063 | 13240 | 13418 | 13598 | 13779 | 13963 | 14148 | 14334 | 14523 | 14713 |
| 20 | 0.0 | 14904 | 15098 | 15293 | 15490 | 15689 | 15890 | 16092 | 16296 | 16502 | 16710 | 16920 | 17132 |
| 21 | 0.0 | 17345 | 17560 | 17777 | 17996 | 18217 | 18440 | 18665 | 18891 | 19120 | 19350 | 19583 | 19817 |
| 22 | 0.0 | 20054 | 20292 | 20533 | 20775 | 21019 | 21266 | 21514 | 21765 | 22018 | 22272 | 22529 | 22788 |
| 23 | 0.0 | 23049 | 23312 | 23577 | 23845 | 24114 | 24386 | 24660 | 24936 | 25214 | 25495 | 25778 | 26062 |
| 24 | 0.0 | 26350 | 26639 | 26931 | 27225 | 27521 | 27820 | 28121 | 28424 | 28729 | 29037 | 29348 | 29660 |
| 25 | 0.0 | 29975 | 30293 | 30613 | 30935 | 31260 | 31587 | 31917 | 32249 | 32583 | 32920 | 33260 | 33602 |
| 26 | 0.0 | 33947 | 34294 | 34644 | 34997 | 35352 | 35709 | 36069 | 36432 | 36798 | 37166 | 37537 | 37910 |
| 27 | 0.0 | 38287 | 38666 | 39047 | 39432 | 39819 | 40209 | 40602 | 40997 | 41395 | 41797 | 42201 | 42607 |
| 28 | 0.0 | 43017 | 43430 | 43845 | 44264 | 44685 | 45110 | 45537 | 45967 | 46400 | 46837 | 47276 | 47718 |
| 29 | 0.0 | 48164 | 48612 | 49064 | 49518 | 49976 | 50437 | 50901 | 51368 | 51838 | 52312 | 52788 | 53268 |
| 30 | 0.0 | 53751 | 54238 | 54728 | 55221 | 55717 | 56217 | 56720 | 57226 | 57736 | 58249 | 58765 | 59285 |

**4.判断传动类型**

如果被测的两个齿轮模数、压力角都相等,可以认为这是一对互相啮合的齿轮。根据所测得的这对齿轮的变位系数 $x_1$ 和 $x_2$,可以判断这对齿轮的传动类型。如果 $x_1 = x_2 = 0$,则该对齿轮为标准齿轮传动;如果 $x_1 = -x_2$,则该对齿轮为等移距变位齿轮传动;如果 $x_1 + x_2 > 0$,则该对齿轮为正传动,$x_1 + x_2 < 0$,为负传动。

**5.确定不等移距变位齿轮传动的啮合角 $\alpha'$,安装中心距 $a'$ 和齿顶高变动系数 $\Delta y$**

因为啮合角的渐开线函数为

$$\mathrm{inv}\alpha' = \frac{2(x_1+x_2)}{z_1+z_2}\tan\alpha + \mathrm{inv}\alpha \tag{4-8}$$

所以根据已确定的 $x_1$、$x_2$、$\alpha$、$z_1$、$z_2$,经过计算再查渐开线函数表,可以得到无侧隙啮合传动的一对不等移距变位齿轮传动的啮合角 $\alpha'$。然后由下式又可求安装中心距 $a'$

$$a' = a\frac{\cos\alpha}{\cos\alpha'} = \frac{1}{2}m(z_1+z_2)\frac{\cos\alpha}{\cos\alpha'} \tag{4-9}$$

由于在生产实际中,安装中心距应是机架上两孔的中心距,而在本实验中没有机架,只有一对变位齿轮,因此只能近似测量两齿轮的啮合中心距 $a''$,并将其与计算得到的 $a'$ 进行比较,以得出它们之间的误差(同时校核先前确定的 $\alpha$ 是否正确),用游标卡尺直接测定这对齿轮的中心距 $a$ 的方法如图 4-2 所示。首先使该对齿轮作无齿侧间隙啮合,然后分别测量出齿轮的孔径 $d_{k_1}$ 和 $d_{k_2}$ 及尺寸 $B$,这样就可以求得:

$$a = B + \frac{1}{2}(d_{k_1} + d_{k_2}) \tag{4-10}$$

不等移距变位齿轮传动的分度圆分离系数 $y = (a'-a)/m$。齿顶高变动系数则为

$$\Delta y = x_1 + x_2 - y \tag{4-11}$$

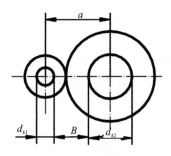

图 4 - 2　中心矩的测定

**6.测量齿顶圆直径 $d'_a$ 和齿根直径 $d'_f$**

测量 $d'_a$、$d'_f$ 时,其测量方法与齿数的奇偶性有关。当齿数 $z$ 为偶数时,可用游标卡尺直接测量出 $d'_a$ 和 $d'_f$,如图 4 - 3(a)所示,当齿数为奇数时,直接测量的尺寸不是齿顶圆直径的真实尺寸 $d'_a$ 而是 $d_a$,如图 4 - 3(b)所示,需将测量值 $d_a$ 乘以校正系数 $k_1$ 得到齿顶圆直径 $d'_a$,即

$$d'_a = k_1 \cdot d_a \qquad (4-12)$$

校正系数 $k_1$ 的数值可查表 4 - 3。

**表 4 - 3　奇数齿轮齿顶圆直径校正系数 $k_1$**

| 齿数 $z$ | 系数 $k_1$ | 齿数 $z$ | 系数 $k_1$ | 齿数 $z$ | 系数 $k_1$ | 齿数 $z$ | 系数 $k_1$ |
|---|---|---|---|---|---|---|---|
| 7 | 1.0257 | 19 | 1.0034 | 31 | 1.0013 | 45～47 | 1.0006 |
| 9 | 1.0154 | 21 | 1.0028 | 33 | 1.0011 | 49～51 | 1.0005 |
| 11 | 1.0103 | 23 | 1.0023 | 35 | 1.0010 | 53～57 | 1.0004 |
| 13 | 1.0073 | 25 | 1.0020 | 37 | 1.0009 | 59～67 | 1.0003 |
| 15 | 1.0055 | 27 | 1.0017 | 39 | 1.0008 | 69～85 | 1.0002 |
| 17 | 1.0043 | 29 | 1.0015 | 41～43 | 1.0007 | 87～99 | 1.0001 |

对于有孔的奇数齿齿轮,$d'_a$ 和 $d'_f$ 也可按图 4 - 3(b)所示间接测出,其计算式为

$$d'_a = d_k + 2H_1 \qquad (4-13)$$

$$d'_f = 2\left[H_2 - \left(H_1 + \frac{d_k}{2}\right)\right] = 2H_2 - 2H_1 - d_k \qquad (4-14)$$

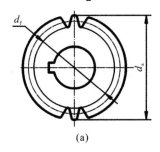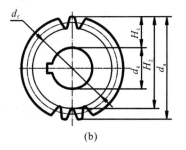

(a)　　　　　　　　　　(b)

图 4 - 3　偶数、奇数齿齿轮 $d_a$、$d_f$ 的测量

为了得到可靠的结果,以上数据均应是在三个或四个不同的位置进行测量后所取的平均值。

**7.确定齿顶高系数 $h_a^*$ 和顶隙系数 $c^*$**

因为齿顶圆直径 $d_a$ 和齿根圆直径 $d_f$ 的理论计算公式为

$$d_a = mz + 2(h_a^* + x - \Delta y)m \qquad (4-15)$$

$$d_f = mz - 2(h_a^* + c^* - x)m \qquad (4-16)$$

$$h_a^* = \frac{d_a' - mz - 2(x - \Delta y)m}{2m} \qquad (4-17)$$

$$c^* = \frac{mz - 2(h_a^* - x)m - d_f'}{2m} \qquad (4-18)$$

所以根据测量值 $d_a'$、$d_f'$ 可由上式得出:

由上述两式算出的 $h_a^*$ 与 $c^*$ 均应为标准值,把理论计算值 $d_a$、$d_f$ 与实际测量值 $d_a'$、$d_f'$ 分别进行比较,还可验证前面测定的 $m$、$x$、$\Delta y$ 是正确的。

## 四、实验步骤

1.直接数出齿轮的齿数,根据齿数按表 4-1 查出跨齿数 $k$。

2.按跨齿数 $k$,测量公法线长度 $W_k$、$W_{k+1}$ 和齿轮的齿顶圆直径 $d_a$,齿根圆直径 $d_f$,对每一个尺寸应测量三次,取其平均值作为测量数据。

3.计算 $P_b$、$a$、$m$、$x$、$h_a^*$、$c^*$ 等,并完成实验报告(见附录)。

## 五、实验说明

测定渐开线齿轮的基本参数,在工业生产中尤其是在机修工作中具有重要的意义。

齿轮机构类型很多(有圆柱齿轮、圆锥齿轮、蜗轮蜗杆之分,还有直齿、斜齿、曲齿之别),直齿圆柱齿轮是齿轮机构中运用最广、最简单、最基本的一种类型,因此我们主要测定直齿圆柱齿轮的基本参数。

目前,各国所采用的齿轮啮合制度不同(有模数制和径节制),即使是同一种啮合制度,压力角 $\alpha$ 的标准也有若干种,此外还有正常齿和短齿之分,标准齿轮与变位齿轮之别,变位齿轮的变位系数又各不相同。因此,在实际生产中,要确定一个齿轮是模数制还是径节制,并较准确地测定其全部基本参数,是一项颇为复杂的工作,难以在我们的一次实验课中完成。故本实验只要求学生测定模数制的渐开线直齿圆柱齿轮,这样已基本能达到实验目的。

## 六、完成实验报告(见附录)

# 实验五　刚性转子动平衡实验

## 一、实验目的

(1)巩固回转体动平衡的基本概念和理论知识。

(2)了解动平衡实验台的构造和工作原理。

(3)掌握转子动平衡的基本方法。

## 二、实验设备及用具

(1)DPH‐Ⅰ型智能动平衡实验台及配套软件。

(2)待测定的刚性转子、游标卡尺、小天平及砝码一套。

(3)作平衡配重用的永久小磁铁,扳手、起子等工具。

(4)计算机、打印机。

## 三、DPH‐Ⅰ型智能动平衡实验台简介及工作原理

### 1.结构简介

本实验台由床身、摆架系统、传感器、驱动传动系统、电子测量和数据处理系统五部分组成(见图5‐1)。摆架系统采用硬支承,左、右摆架均可沿床身移动。当转子在摆架的V形轴瓦中作高速回转时(1200～2500 r/min),如果转子上存在不平衡质量,就会使摆架产生振动。为了防止转子在回转时左右窜动,在摆架的两侧各装有一个挡臂,框架下部还设有调节螺钉,以保证左右两摆架位于适当高度,使转子不窜动。电子测量和数据处理系统由计算机、数据采集器、高灵敏度有源压电传感器和光电相位传感器等组成。

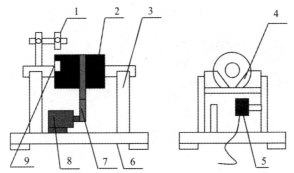

1—光电传感器；2—被测转子；3—硬支承；4—摆架组件；
5—压力传感器；6—减震底座；7—传动带；8—电动机；9—零位标志。

图5‐1　DPH‐Ⅰ型智能动平衡实验台简图

### 2.工作原理

转子置于摆架的V形轴瓦中高速旋转时,由于偏重的存在,转子的中心惯性主轴与其旋转轴线存在偏移,而产生不平衡的离心力,迫使支承做强迫振动,其振幅按正弦规律变化。振

幅大小与转子偏重的质径积成正比,其频率为转子旋转的频率。安装在左右两个硬支承机架上的两个有源压电传感器感受不平衡的离心力,而产生两路包含有不平衡信息的电信号,输出到数据采集装置的两个信号输入端;与此同时,安装在转子上方的光电相位传感器产生与转子旋转同频同相的参考信号,通过数据采集器输入到计算机。

这三路信号由虚拟仪器进行前置处理、跟踪滤波、幅度调整及相关处理、快速傅里叶变换、校正面之间的分离解算、最小二乘加权处理等。最终算出左右两面的不平衡量(克),校正角(度),以及实测转速(转/分),并从配套软件界面上显示出来。

## 四、配套软件主要界面及相关操作介绍

### 1. 系统主界面

在电脑主界面选择"开始"→"程序"→"动平衡测试系统"命令,进入系统主界面,如图5-2所示。系统主界面主要呈现以下内容。

(1)测试结果显示区域:包括左右不平衡量显示、转子转速显示、不平衡方位显示。

(2)转子结构显示区:可以通过双击当前显示的转子结构图,直接进入转子结构选择图,选择需要的转子结构。

(3)转子参数输入区域:软件计算偏心位置和偏心量时,需要用到当前转子的主要尺寸,输入数值均是以毫米(mm)为单位的。

(4)原始数据显示区:该区域是用来显示当前采集的数据或者调入的数据的原始曲线,在该曲线上可以看出机械振动的大概情况。

(5)数据分析曲线显示按钮:通过该按钮可以进入详细曲线显示窗口(见图5-2),可以通过详细曲线显示窗口看到整个分析过程。

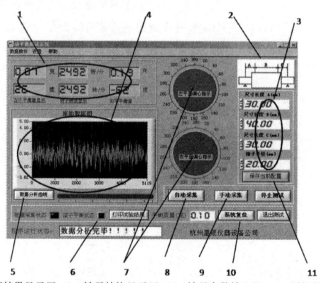

1—测试结果显示区;2—转子结构显示区;3—转子参数输入区;4—原始数据显示区;
5—数据分析曲线显示按钮;6—滚子状态显示;7—左右不平衡量角度指示图;
8—自动采集按钮;9—手动采集按钮;10—复位按钮;11—试件几何尺寸保存按钮开关。

图5-2 "动平衡测试系统"主界面

(6)指示出检测后的滚子的状态,蓝色为没有达到平衡,红色为已经达到平衡状态。平衡

状态的标准通过界面上的"平衡质量"栏由用户设定许用不平衡质量(如 0.1 g)。

(7)左右两面不平衡量角度指示图,指针指示的方位为偏重的位置角度。

(8)自动采集按钮:为连续动态采集方式,直到停止按钮按下为止。

(9)单次采集按钮:系统检测一次系统自动停止,并显示该次检测的结果。

(10)复位按钮:清除数据及曲线,重新进行测试。

(11)试件几何尺寸保存按钮开关:单击该开关可以保存设置数据(重新开机数据不变)。

**2.模式选择界面**

在主界面选择"设置"→"模式选择"选项,进入模式选择界面(见图 5-3)。

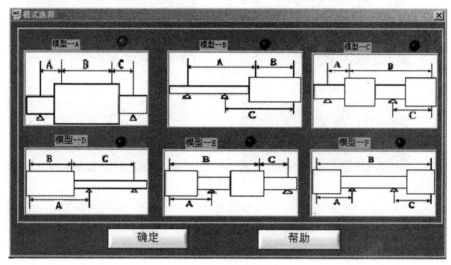

图 5-3　试件结构"模式选择"窗口

　　根据待测转子的结构形式,通过鼠标在该界面上选择相应的转子结构模型来进行实验。每一种结构模型对应了一个计算模型,选择了转子结构模型的同时就选择了该结构的计算方法。

**3.仪器标定窗口界面**

在主界面选择"设置"→"系统标定"选项,进入"仪器标定窗口"界面(见图 5-4)。

图 5-4　仪器标定窗口

仪器标定就是为待测转子建立一个计算分析基准。标定的方法是用一个标准的转子做一次实验,将测定的数据保存,作为今后实验计算分析的基准。指导老师在本次实验前已对每台设备进行了标定,只要不再调整两端支承传感器的顶紧螺丝,标定的结果对后续实验均有效。

**4.采集数据分析窗口界面**

在主界面单击"数据分析曲线"按钮,可进入采集数据分析窗口(见图5-5),界面上有如下一些内容。

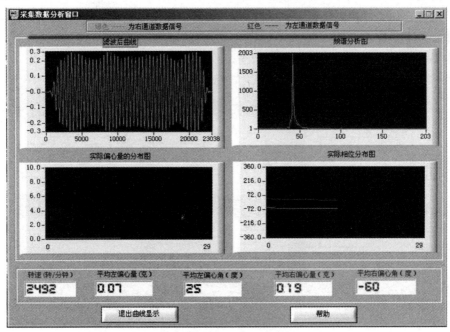

图5-5 采集数据分析窗口

滤波后曲线:显示加窗滤波后的曲线,横坐标为离散点,纵坐标为幅值。

频谱分析图:显示快速傅里叶变换左右支撑振动信号的幅值谱,横坐标为频率,纵坐标为幅值。

实际偏心量分布图:自动检测时,动态显示每次测试的偏心量的变化情况。横坐标为测量点数,纵坐标为幅值。

实际相位分布图:自动检测时,动态显示每次测试的偏相位角的变化情况。横坐标为测量点数,纵坐标为偏心角度。

最下端指示栏指示出每次测量时转速、偏心量、偏心角的数值。

## 五、实验步骤

### 1.平衡转子结构模式选择

根据待平衡转子的形状,进入模式选择界面(见图5-3),选择相应的结构模型。选中的模型右上角的指示灯变红,单击"确定"按钮,回到主界面。在主界面右上角就会显示所选定的模型形态。量出待测转子的对应尺寸,将数字输入相应的 A、B、C 框内。单击"保存当前配置"按钮,仪器就能记录、保存这批数据,作为该转子平衡计算的基本数据。只要不重新输入新的数据,此格式及相关数据不管计算机是否关机或运行其他程序,始终保持不变。

**2.系统标定**

同学们不要调整两支承传感器的顶紧螺丝,实验前指导老师已标定好,可略过该步。进入仪器标定窗口(见图5-4),将两块2g重的磁铁分别放置在标准转子左右两侧的零度位置上,在标定数据输入窗口框内,将相应的数值分别输入"左不平衡量""左方位";"右不平衡量""右方位"的数据框内(按以上操作,左、右不平衡量均为2g,左、右方位均是零度),启动动平衡试验台,待转子转速平稳运转后,单击"开始标定采集"按钮,下方的红色进度条会作相应变化,上方显示框显示当前转速及正在标定的次数,标定值是多次测试的平均值。

平均次数可以在"测量次数"文本框内人工输入,一般默认的次数为10次。标定结束后应单击"保存标定结果"按钮,完成标定过程后,单击"退出标定"按钮,即可进入转子的动平衡实测。标定测试时,在仪器标定窗口"测试原始数据"框内显示的四组数据是左右两个支撑输出的原始数据。如在转子左右两侧,同一角度,加入同样重量的平衡块,而显示的两组数据相差甚远,应适当调整两面支撑传感器的顶紧螺丝,可减少测试的误差。

**3.刚性转子的动平衡测试**

(1)将待测刚性转子的许用不平衡量(如0.10 g)填入主界面中的平衡质量框中。

(2)将欲测的转子左、右两端的外圆柱面上作好刻度标记,套入圆皮带,放在摆架上,按转子的轴长移动左、右摆架至适当位置后固定,在轴承处加适量润滑油。

(3)按待测转子平衡转速的要求调整皮带并使之张紧,启动电机。

(4)在主界面上单击"自动采集"或"手动采集"按钮,可以看到系统的动态变化。主界面上的"滚子平衡状态"后的色块为红色表示已经达到平衡状态,若为蓝色表示没有达到平衡。在主界面上可看到左右两端的不平衡质量及其相位角。单击"数据分析曲线"按钮,可以看到测试曲线变化情况。

(5)单击主界面上的"停止测试"按钮,再按下动平衡实验台上的停止按钮,停止电动机。在转子平衡平面上不平衡相位角相对180°的位置,添置相应质量的永久磁铁配重。实验台配备的永久磁铁的质量有多种规格,最大的矩形块为2 g,它的一半大为1 g,其他的以此类推。

(6)再次启动电机,重复上述第(4)步,可见不平衡的质量逐步减小。这样重复几次,直到滚子平衡状态显示平衡为止。

特别注意:必须先按主界面上的"停止测试"按钮,使软件系统停止运行,再停止电动机,转子停止运转后,再加配重磁铁,否则会出现异常。

(7)打印实验数据分析表。"停止测试",关停电机。退出测试软件,关闭计算机。

# 六、实验报告

简答题:

1.经过你平衡后的刚性转子的不平衡的质量是多少? 相位角是多少?

2.简述刚性转子动平衡的方法。

3."从平衡的过程来看,动平衡包含静平衡"这句话正确吗? 为什么?

4."经过动平衡的转子的不平衡的质径积等于零"这句话正确吗? 为什么?

# 实验六　基本平面机构设计与运动分析

## 一、实验目的

(1)掌握机构运动参数检测仿真和分析的原理及方法。

(2)比较机构运动参数实测曲线与模拟仿真曲线的差异,并分析原因。

(3)利用虚拟设计,提出实现预定运动要求的机构设计方案。

(4)利用对机架振动检测的手段,了解机构动平衡的原理及方法。

## 二、实验设备及用具

本套实验设备包括硬件设备和配套软件。硬件设备有曲柄(导杆)摇杆机构实验台、曲柄(导杆)滑块机构实验台和凸轮机构实验台。各实验台一般由机架、安装底板、电动机、组成基本机构的各构件、光电传感器、位移传感器、加速度度传感器、阻尼装置等组成。

图6-1为曲柄(导杆)摇杆机构实验台的结构示意图;图6-2为实验台面板,实验台的面板上有用来控制和显示电动机转速的按钮和显示屏;图6-3为实验台背板,实验台的背板上有接线柱、R232串口及电源开关等。

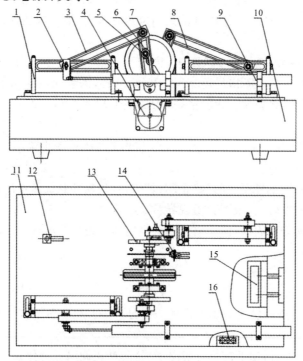

1—滑块支座；2—滑块组件；3—连杆；4—驱动电机；5—导杆销组件；6—导杆；
7—连杆销组件；8—完全平衡构件；9—线位移传感器；10—机座；11—安装底板；12—加速度传感器；
13—主传动构件；14—转速传感器；15—阻尼装置；16—滚动支承装置。

图6-1　曲柄(导杆)滑块机构实验台结构示意图

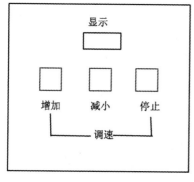

图 6-2　实验台面板示意图

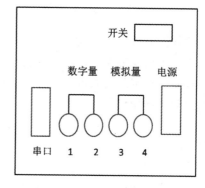

图 6-3　实验台背板示意图

实验台配套软件是一套实验综合分析软件,主要包括:机构运动演示、机构设计模拟、机构运动曲线仿真、机构构件运动点的轨迹模拟、机构主要构件运动参数实测及曲线显示、机架振动检测等内容。其结构框图如图 6-4 所示。

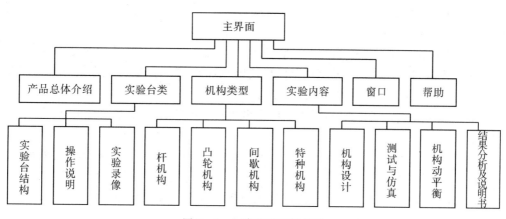

图 6-4　配套软件结构框图

## 三、实验原理

按工作要求设计安装好待测试的平面机构。在电动机的带动下平面机构正常运转,手动调节或程控调节主轴转速。用光电传感器测定主轴转速,用位移传感器和加速度传感器分别测定执行构件的位移及加速度,再经控制器进行 A/D 转换和数据处理,经 R232 串口将数据送到 PC 机进行数据分析。实验原理框图如图 6-5 所示。

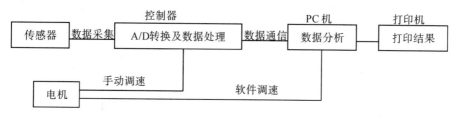

图 6-5　实验原理框图

## 四、实验内容

(1)设计并安装机构(或检测)。

(2)对比运动构件的运动(实测曲线和仿真曲线)。

(3)进行实现预定运动的机构设计。

(4)机构动平衡操作。

## 五、实验步骤

1.按工作要求确定机构的类型及运动尺寸,并安装好待测试的平面机构。

2.将机构检测及控制线与控制箱及 PC 相连。

(1)曲柄(导杆)摇杆实验台:将摇杆的上、下两个光电传感器分别接控制箱的 1、2 通道,曲柄上的光电传感器接 3 通道,加速度传感器接上由电控箱引出的专用连线。

(2)曲柄(导杆)滑块实验台:曲柄光电传感器接控制箱的通道 2,滑块上直线位移传感器连接在通道 1,加速度传感器接上由电控箱引出的专用连线。

(3)凸轮运动分析综合实验台:凸轮轴上光电传感器接控制箱的通道 1,推杆上直线位移传感器连接在通道 4。

3.打开电源,采用手动调节或程控调整主轴转速,进入相关机构的测试及分析软件界面。

(1)手动方式:按控制箱上的"增加"键,可使电机加速,按"减速"键则电机减速,按"停止"键即使电机停转。

(2)软件调节方式:在"仿真测试"界面内由电机转速调节滚动条,连续点击,即可调节电机转速快慢。

4.在安装可靠的情况下,调节调整控件,使机构平稳转动。检测构件实测曲线即得到的相应仿真曲线。

5.进行机构平衡。进入"振动检测"界面,在未加入加装平衡机构及平衡块的条件下,观察机架机构振动曲线的幅值变化。

6.实现指定点特定的运动规律。调整机构尺寸,进行机构的再设计,利用连杆运动平面轨迹虚拟,设计出实现预定要求的机构(例如,对于连杆运动平面指定特定点,实现该点在某运动范围的直线运动)。

7.实验完毕,打印结果。

8.关闭电源及计算机。

## 六、实验报告

1.打印软件中的实验结果及分析。

2.提出自己的机构设计及运动检测分析的体会。

# 实验七　慧鱼机构创新实验

## 一、实验目的

（1）培养学生的创新意识和创新设计能力。

（2）培养学生拟定机械运动方案的能力。

（3）培养学生全面考虑问题的能力，树立机械系统的观念；进一步理解机械系统由机械结构系统、测量控制系统以及其他辅助系统等组成。

## 二、实验设备及工具

慧鱼组合模型成套设备主要有基本构件、电气元件、气动元件、ROBO Pro 软件和一些配套工具及量具。

### 1.基本构件

基本构件用于慧鱼所有模型的拼装，包括组成各种机械结构的结构件和传动零件，用优质尼龙塑料制造而成，各零件以编号表示，采用工业燕尾槽设计，可以方便地拼接成更复杂的零件。机械结构类零件包括方形结构件、角块、连接块、销钉、连接杆、直角梁、平板、轴、凸轮、弹簧、履带等，如图 7-1 所示。传动零件包括齿轮、齿条、蜗杆蜗轮、曲轴、铰链、齿轮箱、万向节、差速器等，如图 7-2 所示。

图 7-1　几种结构件

图 7-2　几种传动零件

### 2.电气元件

电气元件包括控制器、传感器和执行器等，用于工业模型、机器人等专业模型的拼装和测控。控制器(见图 7-3)以触摸屏方式显示,采用嵌入式 Linux 操作系统,内置大容量 RAM 和 FLASH 存储空间,内置蓝牙,集成有 Micro SD 卡插槽。控制器可以实现电脑和模型之间的通信,它可以接收传感器获得的信号,进行软件的逻辑运算,传输软件的指令;传感器包括微动开关,电磁、光敏、热敏、超声波、颜色、红外等各种传感器,电位计和编码器;执行器有电机、电灯、蜂鸣器、电磁铁、气动电磁阀等,如图 7-4 所示。

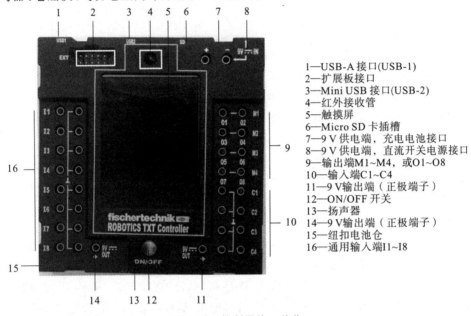

1—USB-A 接口(USB-1)
2—扩展板接口
3—Mini USB 接口(USB-2)
4—红外接收管
5—触摸屏
6—Micro SD 卡插槽
7—9 V 供电端,充电电池接口
8—9 V 供电端,直流开关电源接口
9—输出端M1~M4, 或O1~O8
10—输入端C1~C4
11—9 V输出端(正极端子)
12—ON/OFF 开关
13—扬声器
14—9 V输出端(正极端子)
15—纽扣电池仓
16—通用输入端I1~I8

图 7-3  控制器接口总览

图 7-4  几种电气元件

### 3.气动元件

气动元件主要有储气罐、气缸、气阀(手动、电磁阀)、气管、管接头(三通、四通)、气泵、储气罐等,如图 7-5 所示。

图 7-5  几种气动元件

### 4.ROBO Pro 图形化编程软件

ROBO Pro 软件兼容 Windows XP、Windows Vista、Windows 7 和 Windows 8 等操作系

统,用来对 TX 控制器(编号:500995)、ROBO 接口板(编号:93293)和 ROBO 扩展接口板(编号:93294)进行编程,也可对智能接口板(编号:30402)在线编程模式控制。

　　ROBO Pro 软件使用由各种功能模块组成的流程图编程模式,各功能模块和子流程间可以进行数据交换,不仅可以用变量方式,也可以用图形化连接方式,如图 7-6 所示。子流程存储在一个库文件中,可以任意调用而不必知道其内部工作原理。该软件提供了现代编程语言中的所有关键元素,如队列、函数、递归、对象、异步事件、准并行处理等。程序可直接翻译成机器语言,以便有效地执行。在线模式下,可以并接多块 ROBO Pro 接口板来控制大规模的模型,还可以生成包含开关、控制器、显示等元素的控制面板。

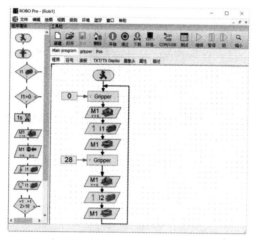

图 7-6　ROBO Pro 软件编程界面

## 三、实验内容

　　本实验为进阶实验,分为两个层次。

**1.慧鱼基础实验**

　　该模块实验主要是样品模型制作与软件学习。慧鱼组合模型提供了以下样品模型,供初学者看图制作,并实现对慧鱼模型的计算机控制。本实验模块主要任务是熟悉系统功能,在一定时间内完成模型的组装,实现模型的全部逻辑运动,并能编写简单的控制程序;理解慧鱼模型的工作原理。每个小组具体拼装的模型由指导老师指定。

　　(1)机械结构组合包:可以拼装出机翼、锻钳、带止动爪的吊车、石钳及自动松开的钩子、弹射器、战车、突击梯、擂鼓车、制锉机、旋转桥等机构模型。让同学们了解相关机械的工作原理及基本结构。

　　(2)电子技术包:通过电子控制和机械结构的结合,拼接成体现电子控制技术的各种模型,让学生了解电子技术的相关原理和工作工程。典型模型有:电梯、交通指示灯、自动烘手机、防盗报警系统、自动分配器等。

　　(3)机器人技术入门包:主要传授机器人控制入门知识。利用说明书,学生能在很短的时间里组合 8 种模型,其中有烘手器、停车场栏杆控制器、焊接机器人等。模型和 PC 是通过控制器连接起来的,能很方便、很快速地用图形化编程语言 ROBO Pro 对模型编程。该组合包含数量众多的慧鱼构件、马达、灯泡、传感器及齿轮箱。可通过编程控制红绿灯、移动门、自动冲压机、停车栏杆,不断创新和改进程序,使之达到最佳效果。

(4)工业机器人:提供模型包括翻转机、柱式机械手、全自动焊接机、四自由度机械手等。模型在工业加工中都可以找到原型,表现了工件被翻转、运送、焊接的各个过程,这四种模型既可单独使用,也可联合起来,组成一套闭环加工系统。

(5)气动机器人:提供模型包括气动门、分拣机、加工中心等,通过电脑编程控制各类气动元件的组合动作,完成工件的传递、加工、转移、归类等系列动作。

(6)移动机器人:模型包括可检测边沿的机器人、躲避障碍的机器人、光线追踪者、AGV小车、电子飞蛾、无人驾驶运输系统等。小车可追踪光源、轨迹,两个大功率马达分别控制两个前轮,实现前进、后退及转向动作。

**2.慧鱼创新设计实验**

根据具体的工作要求,学生自行选题、设计、拼装机械结构及控制系统。可以是工业生产的具体应用,例如小型传送分类流水线、小型洗车线、小型立体仓库、气动分选机、五自由度的机械手、自动门等。也可以以历届全国机械创新设计大赛的赛题为题,例如钱币的分类、清点、整理机械装置,商品包装机械装置,商品载运及助力机械装置的设计制作(2016年);停车装置的设计和制作,水果采摘装置的设计和制作(2018);助老机械,智能家居机械的设计制作(2020年)。

## 四、实验方法与步骤

**1.基础实验**

(1)针对所选用的模型包类型,根据实验室提供的模型范例拼装图册,检查所用模型包内零件是否完整。

(2)在进行模型的每一步搭建前,找出该步所需的零件,然后按照拼装图将这些零件一步步搭建好。在每一步的搭建基础上,新增加的搭建部件在图册中用彩色显示,已完成的搭建部分在图册中以白色显示。

(3)按拼装顺序一步步拼装。拼装过程中注意以下事项:所用元器件的长短、粗细、安装的先后次序及位置;机械构件装配时要确保构件到位,不滑动。电子构件装配时要注意电子元件的正负极性,接线稳定可靠,没有松动。气动构件装配时要注意各连接处密封可靠,不要有漏气现象。整个模型完成后还要考虑模型的美观,布线要规范。

(4)模型完成后,检查所有部件是否正确连接,将执行构件或原动件调整在预定的起始位置,实现模型的全部逻辑运动。

(5)借助《ROBO Pro 软件中文手册》(PDF 文档),学习手册中所介绍的程序范例来迅速掌握 ROBO Pro 软件的使用,也可以根据自己的需要来修改或扩充这些范例程序。

(6)演示操控模型,拍照或录制视频并完成实验报告(见附录)。

(7)实验完毕后清理所使用模型包中零件的数量,经实验指导老师验收后,将模型包和实验资料交还给实验指导老师。

注意:实验过程中不能丢失任何一件零件。若有遗失,照价赔偿。

**2.创新设计实验**

(1)根据教师给出的创新设计题或范围,经过小组讨论后,拟定初步设计方案。

(2)将初步设计方案给指导教师审核。

（3）审核通过后，按比例缩小结构尺寸，使该设计方案可由慧鱼创意组合模型进行拼装。

（4）选择相应的模型组合包。

（5）根据设计方案进行结构拼装。

（6）安装控制部分和驱动部分。

（7）确认连接无误后，上电运行。

（8）必要时连接电脑控制器，编制程序，调试程序。步骤为：先断开控制器和电脑的电源，再连接电脑及控制器，控制器通电，电脑通电运行。根据运行结果修改程序，直至模型运行达到要求。

（9）运行正常后，先关电脑，再关控制器电源。然后拆除模型，清点模型各零部件的数量，交还给实验指导老师，并报告模型包的完好情况。

（10）完成设计性实验报告。一般应包括以下一些内容：设计方案和实现功能简介；机械结构组成和工作原理说明；拼装好的模型照片和机械结构简图；必要的设计计算以及有待改进的地方等。

## 五、完成实验报告(见附录)

# 实验八　机构组合创新设计实验

## 一、实验目的

(1)通过方案设计构思,培养学生创新设计能力。

(2)培养学生对各种常见机构的综合运用能力。

(3)通过拼装,培养学生的动手能力。

(4)通过对方案进行结构分析、运动分析、动力分析及实际测定,检验设计的方案是否满足工作要求。

## 二、实验原理

在一个通用的安装平台上,拼装平面连杆机构、凸轮机构、间歇机构、齿轮传动机构、带(链)传动等各种基本机构及其组合机构。通过调整安装平台上的横梁、走条或滑块位置,来调整固定铰链的上下、左右的位置;横梁或走条上设计有多个安装孔,相隔一定间距,以便安装各种传动零件。实验台备有多种长度的杆件、多个铰链关节、各种联接零件等常用零件,以便设计、拼装多种机械系统方案。配备运动参数测量处理及软件分析系统,并将测量数据采集、整理、传输到配套的 PC 软件中,分析、打印出测试结果。

## 三、实验设备

本实验的实验设备根据制造厂商不同,其结构稍有差异。ZBS－C 型机构运动创新设计实验台(湖南长庆机电)如图 8-1 所示。机构方案创意设计模拟实施实验仪(西南交通大学卢存光)如图 8-2 所示。平面机构创意组合实验台的机械结构(长沙嘉锐科技公司)的底座如图 8-3 所示。在此主要介绍平面机构创意组合实验台(长沙嘉锐科技公司)的结构组成及其使用方法。ZBS－C 型机构运动创新设计实验台(湖南长庆机电)、机构方案创意设计模拟实施实验仪(西南交通大学卢存光)详见设备的使用说明书。

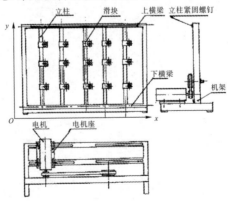

图 8-1　ZBS－C 型机构运动创新设计实验台

(a) 机架

(b) 零件箱

图 8-2　机构方案创意设计模拟实施实验仪

平面机构创意组合实验台主要由底座(见图 8-3)、平面连杆机构、凸轮机构、间歇运动机构、齿轮传动机构、带(链)传动以及驱动电机等组成,其中间歇运动机构包含槽轮机构、不完全齿轮机构、棘轮机构等。读者可根据需要进行设计和拼装。

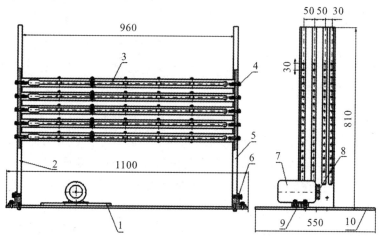

1—走条;2—左垂直支撑;3—横梁组件;4—内六角圆柱头;5—右垂直支撑;
6—支承角钢;7—直流电机;8—电机带轮;9—走条螺母;10—底板。

图 8-3　平面机构创意组合实验台底座

**1.底座(安装平台)的组成**

(1)安装平台由固定在底板(10)上的左、右垂直支撑,走条(1)等构件组成。

(2)左、右垂直支撑(2、5)有四条垂直于底板(10)且相互平行的直槽,用于固定横梁组件(3)。横梁组件(3)可在水平、垂直方向根据安装需要有级调整。

(3)走条(1)可在 X、Y 方向调整安装位置。在直流电机(7)上装有电机带轮(8),电机用螺栓通过走条螺母(9)固定在走条(1),可沿走条(1)上的直槽方向调整。

**2.横梁组件的结构及作用**

(1)横梁组件由横梁(1)、支承套(2)以及六角头螺栓 M6×40(3)等组成(见图 8-4)。横梁(1)两端各有 1 个 M8 的螺孔用于与左、右垂直支撑固定用,横梁(1)中有一横槽用于安装构件的横梁固定套或基座等。左端的方槽用于安装滑块。两端的圆孔用于安装横梁固定套。

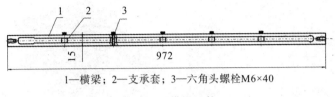

1—横梁；2—支承套；3—六角头螺栓M6×40

图 8-4　横梁组件

(2)通过用支承套(2)起到加强横梁(1)并保证横槽宽度的作用。

**3.回转副的结构**

(1)回转副Ⅰ(见图 8-5)：由杆Ⅰ、Ⅱ的套与回转销轴(3)组成，两个嵌件锁紧螺母 M8(5)，用于控制轴向间隙。回转副Ⅰ用于连杆与导杆、连杆与摇杆之间的连接。

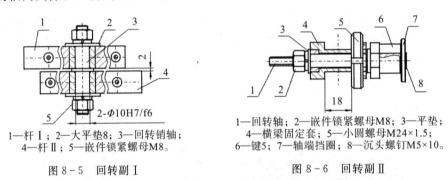

1—杆Ⅰ；2—大平垫8；3—回转销轴；
4—杆Ⅱ；5—嵌件锁紧螺母M8。

图 8-5　回转副Ⅰ

1—回转轴；2—嵌件锁紧螺母M8；3—平垫；
4—横梁固定套；5—小圆螺母M24×1.5；
6—键5；7—轴端挡圈；8—沉头螺钉M5×10。

图 8-6　回转副Ⅱ

(2)回转副Ⅱ(见图 8-6)：主要由横梁固定套(4)的内套与回转轴(1)构成。横梁固定套(4)上的槽可在图 8-4 所示的横梁组件的槽中根据需要移动，并可用小圆螺母 M24×1.5(5)固定。回转轴(1)的左端可通过连接套与光栅角位移相连，另一端通过键(6)与回转件相连。嵌件锁紧螺母 M8(2)用于控制轴向间隙。回转副Ⅱ用于回转件的运动与安装。

(3)回转副Ⅲ(见图 8-7)：主要由导杆销套(3)、固定曲柄(1)的导杆销轴(2)等组成。回转副Ⅲ用于导杆的连接。导杆销套(3)既可绕导杆销轴(2)转动又可在导杆槽内滑动。嵌件锁紧螺母 M8(5)用于调整导杆销套(3)在导杆销轴(2)上的轴向间隙。

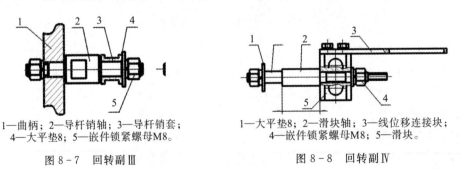

1—曲柄；2—导杆销轴；3—导杆销套；
4—大平垫8；5—嵌件锁紧螺母M8。

图 8-7　回转副Ⅲ

1—大平垫8；2—滑块轴；3—线位移连接块；
4—嵌件锁紧螺母M8；5—滑块。

图 8-8　回转副Ⅳ

(4)回转副Ⅳ(见图 8-8)：主要由铰接在滑块(5)孔内的滑块轴(2)、嵌件锁紧螺母 M8(4)等组成。滑块(5)可在图 8-4 所示的横梁组件的槽内滑动。嵌件锁紧螺母 M8(4)用于调整滑块(5)在滑块轴(2)上的轴向间隙。线位移连接块(3)用于连接直线位移传感器。

**4.传感器的安装方法**

（1）光栅角位移传感器的安装（见图8-9）。光栅角位移传感器用于测量回转件或者摆动件的角位移。其安装步骤如下：

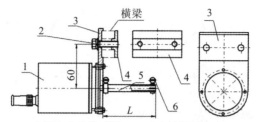

1—光栅角位移传感器；2—六角头螺栓M8×30；
3—角位移传感器座；4—连接块；5—弹性连接套；6—卡箍

图8-9 光栅角位移传感器的安装

①将光栅角位移传感器（1）的止口套在角位移传感器座（3）上并用十字槽盘头螺钉M3×12固定。

②根据被检测件的位置调整图8-4所示的横梁组件的相对位置，通过连接块（4）用六角头螺栓M8×30固定在横梁组件上。

③弹性连接套（5）有长度 $L$ 为53 mm、60 mm、73 mm 三种规格，根据传感器与被检测件间的轴向距离选定后用螺丝刀将卡箍（6）拧紧。

（2）直线位移传感器的安装（见图8-10）。

①将固定块（5）、连接座（3）用内六角圆柱头螺钉M4×25固定在横梁部件上。在允许的范围内使图8-10中的尺寸 $L$ 尽可能大，以增加传感器的稳定性。

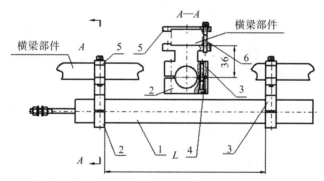

1—直线位移传感器；2—连接块；3—连接座；4—内六角圆柱头螺钉M4×30；
5—固定块；6—内六角圆柱头螺钉M4×25。

图8-10 直线位移传感器的安装

②将直线位移传感器（1）放入连接座（3）的凹弧内并将连接块（2）用内六角圆柱头螺钉M4×30（4）拧紧。

## 三、实验内容

（1）拟订一较复杂的机械（如牛头刨床、小型插床等）的传动系统方案。

（2）对方案进行结构分析、运动分析、动力学分析。

（3）拼装出拟订的机械传动系统方案，并通过检测检验其是否具有确定的运动性能、动力性能能否满足预定的工作要求。

## 四、实验步骤

（1）认识实验台提供的各种机械零件，了解实验台的构造，熟悉各种运动副和杆件的组装方法。

（2）针对设计题目，初步拟定机械传动系统方案，绘出草图。

（3）选定合适的实验设备，准备必要的安装和拆卸工具。

（4）找出有关零部件，在老师指导下按草图进行机构拼装。

（5）用手拨动主动构件，检查机构能否正常运动；不能正常运动，找出原因，及时改正。

（6）老师检查拼装无误、机构能正常运动后，可将传感器安装在被测构件上，并连接到数据采集箱接线端口上。（本项可选做）

（7）打开采集箱电源，按"加速"键，逐步增加电机转速，观察机构运动。在配套软件的"检测"界面，观察相应构件运动参数的变化情况。如果有仿真界面内提供的机构，则可按实际机构的几何参数，对执行构件的运动进行仿真（本项可选做）。

（8）实验完毕后，关闭电源，拆下构件。

## 五、拼装练习参考图例

根据拼装设备的不同，可将图 8-11～图 8-16 中机构尺寸按一定比例放大拼装。

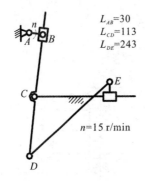

$L_{AB}=30$
$L_{CD}=113$
$L_{DE}=243$

$n=15$ r/min

图 8-11 六杆机构 1

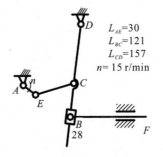

$L_{AE}=30$
$L_{BC}=121$
$L_{CD}=157$
$n=15$ r/min

图 8-12 六杆机构 2

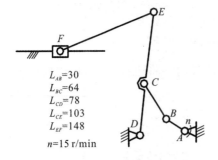

$L_{AB}=30$
$L_{BC}=64$
$L_{CD}=78$
$L_{CE}=103$
$L_{EF}=148$

$n=15$ r/min

图 8-13 六杆机构 3

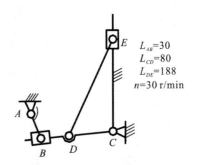

$L_{AB}=30$
$L_{CD}=80$
$L_{DE}=188$
$n=30$ r/min

图 8-14 六杆机构 4

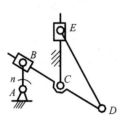

$L_{AB}=31$；$L_{CD}=75$；$L_{DE}=131$

$n=30$ r/min

图 8-15　双滑块机构

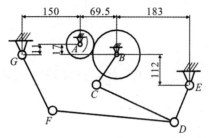

$Z_A=35$　$Z_B=60$　$L_{BC}=77$　$L_{CD}=221$

$L_{DE}=117$　$L_{DF}=281$　$L_{FG}=220$

图 8-16　齿轮连杆机构

## 六、实验报告(见附录)

1.对系统进行评价与分析。

2.对执行构件的运动规律进行分析,如有无急回特性、有无冲击、有无最大行程等。

# 实验九　螺栓联接综合测试与分析

## 一、实验目的

(1)了解螺栓联接在拧紧过程中各部分的受力情况。

(2)验证受轴向工作载荷时,预紧螺栓的变形规律及对螺栓总拉力的影响。

(3)学会计算螺栓的相对刚度,并绘制螺栓联接的受力变形图。

(4)透彻理解提高螺栓联接强度的各项措施。

## 二、实验内容

(1)螺栓静态载荷与变形的测量与分析,螺栓组的受力分析。

(2)螺栓的动态载荷与变形的变化曲线仿真分析。

(3)建模理论曲线与实测曲线的分析比较。

## 三、实验设备

本实验所用的实验台为 LYS-B 型螺栓联接综合实验台,数据采集和处理设备有两种:一种是专用的数据采集仪及其配套测试软件;一种是动态应变仪。专用的数据采集仪及其配套测试软件操作使用方法较简单。在此,主要介绍 LYS-B 型螺栓联接综合实验台和动态应变仪的结构组成、工作原理及使用方法。

**1.LYS-B 螺栓联接实验台**

LYS-B 螺栓联接实验台主要由箱体、联接部件、被联接部件和加载部件等组成,如图 9-1所示。

(1)联接部分包括 M16 空心实验螺栓(22)、M16 螺母(18)、垫圈(19)等。空心实验螺栓的外圆柱面上贴有两组应变片,分别测量螺栓在拧紧时所受的预紧拉力和扭矩。空心实验螺栓的内孔中装有小螺杆(25),拧紧或者松开小螺杆,即可改变空心螺栓的实际受载截面积,以达到改变联接刚度的目的。垫圈(19)分为凹面和平面,凹面朝下或朝上被联接件的刚度不同。

(2)被联接件部件部分由上连接板(20)、下连接板(11)和八角环(13)等组成,八角环上贴有应变片组,测量被联接件受力的大小,中部有锥形孔,插入或拔出锥塞(12)即可改变八角环的受力,以改变被联接件系统的刚度。

(3)加载部分由蜗杆(5)、蜗轮(7)、偏心凸轮(6)及其滚子(27)、挺杆(10)和弹簧(23)等组成,挺杆上贴有应变片,测量所加工作载荷的大小。蜗杆一端与电机相联,另一端装有手轮,启动电机或转动手轮使挺杆上升或下降,以达到加载、卸载(改变工作载荷)的目的。

实验台的基本标定参数如下。

空心螺栓内径:8 mm　　　　　　　　　　被测螺栓的长度:160 mm

被测螺栓的弹性模量:206000 N/m²      螺栓拉力的标定值:$B_F=0.02755$ με/N

螺栓扭力的标定值:$B_T=5.5$ με/N      八角环压力标定值:$B_B=0.036$ με/N

挺杆压力的标定值:$B_D=0.034$ με/N

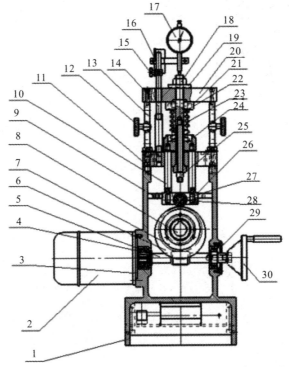

1—箱体；2—电机；3—衬套；4—深沟球轴承；5—蜗杆；6—偏心凸轮；7—蜗轮；8—传动轴；
9—盖板；10—挺杆；11—下连接板；12—锥塞；13—八角环；14—表夹杆；15—夹紧螺钉；
16—表夹；17—千分表；18—M16螺母；19—弹性垫圈；20—上连接板；21—弹簧上支座；
22—空心实验螺栓；23—弹簧；24—弹簧下支座；25—小螺杆(刚度调节)；
26—挺杆支座；27—小轴承；28—小销轴；29—端盖；30—手轮。

图 9-1  螺栓联接测试实验台结构图

## 3.动态应变仪

动态应变仪主要测定在外载荷作用下零构件的应变,由精密恒流源、多路切换开关、前置放大器、低通滤波器、A/D 转换器、单片机、显示电路、电源等部分组成,如图 9-2 所示。应变片与桥盒采用合适的连接方式组成桥路。本实验中螺栓实验已与动态应变仪通过桥路连接好。

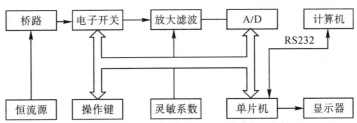

图 9-2  动态应变仪的组成原理图

CS-1A 型、CS-1B 型动态应变仪的通道前后面板如图 9-3 所示。

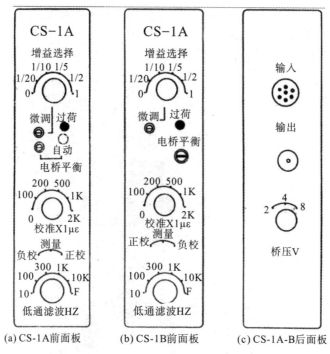

图 9-3　CS-1A、CS-1B 型动态应变仪通道面板

（1）调零：CS-1A 型将每个通道的功能转换开关置于"测量"位置，按下"自动"平衡按钮调零。也可按电源上总"复位"按钮调零。CS-1B 型用螺丝刀手动调节平衡电位器，使仪器电源通道上的数字表指示基本为零。

（2）量程和增益选择：现桥压已选定为 2 V，增益开关为"1"时，对被测信号放大 6000 倍；增益开关选为"1/2"时，对被测信号放大 3000 倍，其他以此类推。为了正确测量，请选择合适的量程。

（3）仪器接通电源后，电路预热 10～15 min，即可开始测量。将通道选择转换到不同的通道，记下数据显示窗口的数值，结合量程和增益算出测量出的应变值。

## 四、实验方法及步骤

螺栓的拉应变、螺栓的扭应变、被联接件（八角环）的应变、挺杆的压应变分别用电阻应变片测定，并通过 4 个通道输送到数据采集仪或动态应变仪，通过 A/D 转换等处理输送到电脑的测试软件中，并在软件界面上相应的文本框中显示出来。将测得的应变除以上述对应的标定值可分别得到螺栓的拉力 $F_2$、螺栓的扭力、八角环的压力和挺杆压力 $F$（螺栓受到的工作载荷）。

**1.螺栓联接的静态试验**

（1）调整实验台的试验状态。实验台的试验状态主要有以下三种：

① 被测螺栓中空（旋松其中的小螺栓），不塞旋塞，垫圈凹面朝上。

② 被测螺栓实心（拧紧其中的小螺栓），不塞旋塞，垫圈凹面朝上。

③ 被测螺栓中空（旋松其中的小螺栓），塞旋塞，垫圈凹面朝下。

先选定一种试验状态，安装好联接零件，用测力矩扳手拧紧被测螺栓上的螺母，拧紧力矩在 10～20 N·m。

（2）打开电脑，双击桌面上的"螺栓实验台"图标，再选择主界面下的"实验内容""下的"动态测试Ⅰ"菜单项，启动测试界面，如图 9-4 所示。

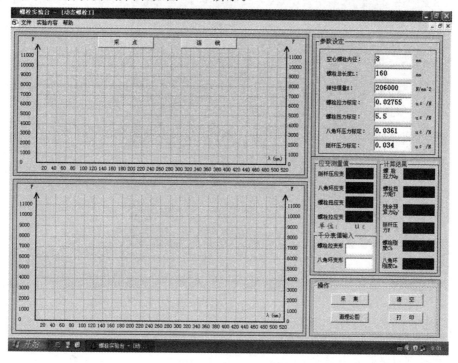

图 9-4　"动态测试Ⅰ"界面

（3）打开数据采集仪或动态应变仪后面板上的电源开关。通过面板上的旋钮或"上翻""下翻"按键切换到 1、2、3、4 通道，然后按"清零"键，进行测点的电阻预调平衡（各通道显示数值为"0"）。

（4）加载。转动实验台的手柄 3～4 圈，稍等片刻，数据采集仪上各通道，就会显示测到的数据。单击"（继续）采集"，软件界面上相应的文本框中将显示测定和计算的值，将这些数据记录到实验报告的数据表中。按"采点"可在界面上描出工作点。红色的为螺栓应力应变，蓝色的为被连接件（八角环）的应力应变。按"暂停"按钮。增加工作载荷，单击"继续采集"，又可得到一组数据。

（5）重复步骤（4）得到 5～6 组实验数据，用以计算螺栓相对刚度，并绘制螺栓联接受力变形图。也可单击"动态测试Ⅰ"界面下的"连线"按钮，可预览螺栓和被联接件的应力应变图。

（6）调整实验台到其他不同的试验状态，重复（3）～（5）步骤。

**2.螺栓联接动载荷试验**

螺栓联接动态特性试验，需要数据采集仪或动态应变仪与 PC 机联机，运行测试系统软件显示和记录各应力幅值的变化波形。（仪器的调节同前所述）

在完成螺栓联接静态试验后，取下转动手轮，拧紧小螺杆，使螺栓成为实心，启动电机，动态应变仪或测试软件在"动态测试Ⅱ"菜单项的界面（见图 9-5）下将记录螺栓、被联接件（八角环）和工作载荷（挺杆）的应变变化曲线，观察螺栓、被联接件上应力幅值的变化与工作载荷变化之间的关系。

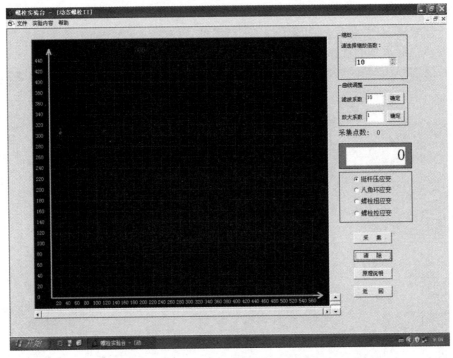

图9-5 "动态测试Ⅱ"界面

(1)增加被联接刚度:将锥塞插入八角环的锥孔中,启动电机(或转动手轮)使挺杆加载,再次观察软件记录的波形变化。

(2)减小螺栓刚度:松开双头螺栓上的小螺杆,使螺栓恢复空心状态,拧紧大螺母至预紧初始值,启动电机使挺杆加载,再次观察软件记录的波形变化。

(3)增加预紧力:进一步拧紧大螺母,启动电机记录并观察波形变化。

(4)改用弹性垫片:松开大螺母,取出刚性垫片,改用弹性垫圈,拧紧螺母使预紧力达到初值,启动电机(或转动手轮),记录并观察波形的变化。

(5)观察采用上述各种措施后所记录的波形,说明其效果。

(6)卸去各部分载荷,关闭仪器。

# 五、完成实验报告(见附录)

# 实验十 带传动实验

## 一、实验目的

(1)了解带传动实验台的构造、工作原理和测试带传动参数的方法。
(2)观察带的初拉力对带传动工作能力的影响。
(3)观察带传动的弹性滑动及打滑现象。
(4)掌握带传动的滑动率曲线和效率曲线。

## 二、实验内容

(1)观察 V 带的工作情况、弹性滑动和打滑现象。
(2)测定并绘制滑动率曲线和效率曲线。

## 三、实验设备

DCS-Ⅱ型智能带传动实验台(见图 10-1)。

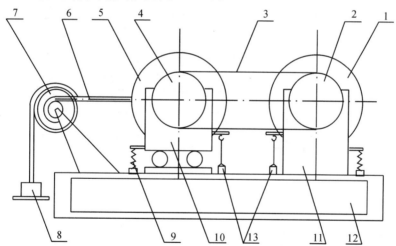

1—从动直流电机;2—从动带轮;3—传动带;4—主动带轮;5—主动直流电机;6—牵引绳;
7—滑轮;8—砝码;9—拉簧;10—浮动支座;11—固定支座;12—底座;13—拉力传感器

图 10-1 带传动实验台结构简图

### 1.机械结构

带传动实验台主要由两台直流电机组成。其中一台作为原动机,由可控硅整流装置供给电动机电枢以不同的端压,实现无级调速;另一台则作为负载的发电机。

两台电机均为悬挂支承,当传递载荷时,作用于电机定子上的力矩 $T_1$(主动电机力矩)、$T_2$(从动电机力矩)迫使拉钩作用于拉力传感器(13),传感器输出的电信号与 $T_1$、$T_2$ 的原始信号成正比。

两台电机的转速传感器(红外光电传感器)分别安装在带轮背后的环形槽中,由此可获得必需的转速信号。

原动机的机座设计成浮动结构,与牵引钢丝绳、定滑轮、砝码一起组成带传动初拉力形成机构,改变砝码大小,即可准确地设定带传动的初拉力 $F_0$。

**2. 操作显示部分**

操作显示部分主要集中在机台正面的面板,如图 10 - 2 所示。

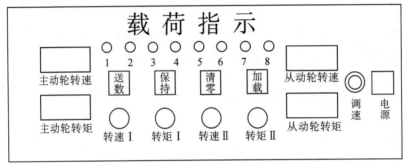

图 10 - 2  面板布置图

在机台背面备有微机 RS232 接口、主动轮转矩及被动轮转矩调零旋钮等,其布置情况如图 10 - 3 所示。

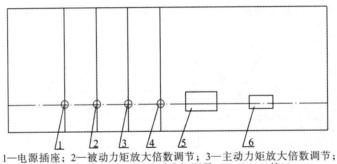

1—电源插座;2—被动力矩放大倍数调节;3—主动力矩放大倍数调节;
4—被动力矩调零;5—主动力矩调零;6—RS232接口。

图 10 - 3  背面板布置图

# 四、实验步骤

**1.施加带的初拉力**

不同型号传动带需在不同初拉力 $F_0$ 的条件下进行试验;也可对同一型号传动带,采用不同的初拉力。试验不同初拉力对传动性能的影响,改变初拉力 $F_0$ 只需改变砝码的大小。

**2.启动、调速**

(1)软件启动:双击桌面上的"机械教学综合实验系统"图标,在主界面上单击"带传动"按钮,再在展现出的设备图片上单击鼠标左键,即出现"带传动实验台数据采集与分析系统"界面。在"串口选择"菜单上点选"串口1",选择"数据采集"选项。

(2)硬件设备启动:在接通电源前首先将电机调速旋钮逆时针转到底使开关"断开",按电源开关,接通电源,按下"清零"键,此时主、被动电机转速显示为"0",力矩显示".",实验系统处于"自动校零"状态,过一会儿,力矩显示为"0",校零结束。再将调速旋钮顺时针向高速方向旋转,电机启动并逐渐增速,直至转速为 1200～1300 转/分时,停止转速调节。

**3.加载**

在空载时,记录主动轮、从动轮的转速与转矩。按"加载"键一次,第一个加载指示灯亮,待显示基本稳定之后,按"保持"键,使转速、转矩稳定在当时的显示值,并记录下主、被动轮的转矩($T_1$、$T_2$)及转速($n_1$、$n_2$)。再按"加载"键一次,第二个加载指示灯亮,同上程序并记录数据。重复上述操作,直至 7 个加载指示灯亮,记录下 8 组数据,按"送数"键,测试软件可接受这 8 组数据,并根据这 8 组数据可进行"数据分析""数据拟合"并作出带传动滑动曲线 $\varepsilon - T_2$ 及效率曲线 $\eta - T_2$(见图 10-4)。

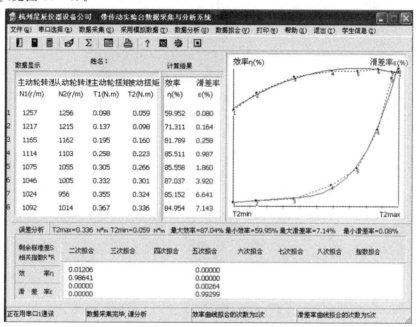

图 10-4　采用模拟数据分析拟合的实验结果样例

**4.审查**

请指导老师审查实验结果是否正确。若正确,进行下一步骤,若不正确,重复上述步骤。

**5.结束实验**

先将电机调速旋钮逆时针转至"关断"状态,并按"清零"键,显示指示灯全部熄灭,再关闭电源。关闭计算机。

## 五、计算与分析

**1.滑动率的计算**

$$\varepsilon = \frac{n_1 - n_2}{n_1} \times 100\% \qquad (10-1)$$

**2.效率的计算**

由发电机的输入功率 $P_2$ 与电动机输出功率 $P_1$ 可求出带传动的功率 $\eta$。

电动机输出功率:

$$P_1 = \frac{T_1 \times n_1}{9550}(\text{kW}) \qquad (10-2)$$

发电机的输入功率：

$$P_2 = \frac{T_2 \times n_2}{9550}(\text{kW}) \tag{10-3}$$

带传动效率：

$$\eta = \frac{P_2}{P_1} = \frac{T_2 \times n_2}{T_1 \times n_1} \times 100\% \tag{10-4}$$

# 六、完成实验报告(见附录)

# 实验十一　齿轮传动效率实验

## 一、实验目的

(1)了解封闭功率流式齿轮试验台的基本原理特点。

(2)了解齿轮传动效率的测试方法。

(3)掌握齿轮传动的传动效率曲线。

## 二、实验内容

(1)测定齿轮传动的效率。

(2)绘制齿轮传动的效率曲线。

## 三、实验设备及实验原理

本实验主要的实验设备为 CLS-Ⅱ型齿轮传动试验台及其电控箱。

### (一)试验台结构

图 11-1 所示为 CLS-Ⅱ型齿轮传动试验台的结构简图,是由固定齿轮箱、浮动齿轮箱、扭力轴、双万向联轴器等组成的一个封闭功率流式齿轮传动系统。

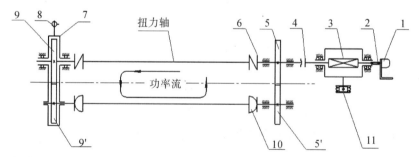

1—光栅传感器;2—弹性连接管;3—驱动电机;4—弹性联轴器;5—固定齿轮箱;6—连接套;
7—浮动齿轮箱;8—砝码;9—浮动齿轮副;10—万向联轴器;11—压力传感器。

图 11-1　CLS-Ⅱ型齿轮传动试验台结构简图

固定齿轮箱和浮动齿轮箱中两对齿轮的材料和结构参数完全相同,传动比均为 1∶1。固定齿轮箱用螺栓联接固定在安装底板上。浮动齿轮箱的一根主轴两端伸出齿轮箱,用两个轴承座支承并悬空。驱动电机(3)主轴采用轴承座支承,而外壳悬空。压力传感器(11)与电机悬臂相连,装在与电机旋转相反的一侧,压力传感器把电机转矩信号送入电控箱,在电控箱面板的显示屏上可直接读出。电机转速由变频器调节,并用光栅传感器(1)测出,同时送往电控箱显示。电机与固定齿轮箱(5)输入轴通过弹性联轴器(4)相联,固定齿轮箱输入轴的另一端与浮动齿轮箱(7)的输入轴通过连接套(6)和扭力轴连接,浮动齿轮箱的输出轴与固定齿轮箱的输出轴通过万向节、中间连接轴连接。这样组成一个封闭功率流式齿轮传动系统。加载杠杆与浮动齿轮箱的支承侧固定联接,电机启动后在杠杆的吊篮中施加砝码与浮动齿轮箱保持基本平衡(见图11-2),当电机运转稳定后添加砝码,浮动齿轮箱发生偏转,此时双万向节因错开角度而产生一平衡力矩,此力矩即为该封闭式传动系统的外加载荷。依次施加砝码,在电机侧面的压力传感器上可测得相应扭矩,记录数据并输入到计算机即可得到不同负载下单对齿轮传动的效率曲线。

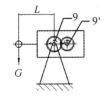

图11-2 系统加载示意图

### (二)效率计算

**1.封闭功率流方向的确定及效率计算**

由图11-2可知,试验台空载时,浮动齿轮箱的杠杆通常处于水平位置,当加上一定载荷 $G$ 之后(通常加载砝码是0.5 kg以上),浮动齿轮箱会产生一定角度的翻转,这时扭力轴将有一力矩 $T_9$ 作用于齿轮9(其方向为顺时针),万向节轴也有一力矩 $T_{9'}$ 作用于齿轮9′(其方向也为顺时针,如忽略摩擦 $T_9 = T_{9'}$ )。当电机顺时针方向以角速度 $\omega$ 转动时, $T_9$ 与 $\omega$ 的方向相同, $T_{9'}$ 与 $\omega$ 方向相反,故这时齿轮9为主动轮、齿轮9′为从动轮。同理,齿轮5′为主动轮、齿轮5为从动轮。故封闭功率流方向如图11-1所示,其大小为

$$P_9 = P_{9'} = \frac{T_9 \cdot n_9}{60 \times 1000} \quad (\text{kW}) \tag{11-1}$$

该功率流的大小由加载力矩和扭力轴的转速决定,而不是由电机决定。电机提供的功率仅为封闭传动中损耗功率,即

$$P_1 = P_9 - P_9 \cdot \eta_{总} \tag{11-2}$$

故

$$\eta_{总} = \frac{P_9 - P_1}{P_9} = \frac{T_9 - T_1}{T_9} \tag{11-3}$$

单对齿轮的效率为

$$\eta = \sqrt{\eta_{总}} = \sqrt{\frac{T_9 - T_1}{T_9}} \tag{11-4}$$

式中, $T_1$ 为电机输出转矩,由压力传感器测定出作用力,再乘以测压头的力臂(定值)得到; $T_9$ 为系统外加扭矩。

**2.系统外加扭矩 $T_9$ 的计算**

由图11-2可以看出,当浮动齿轮箱杠杆加上载荷后,齿轮9、齿轮9′就会产生扭矩,其方向都是顺时针,对齿轮9中心得到系统外加扭矩 $T_9$ , $T_9$ 是所加载荷 $G$ 产生扭矩的一半,即:

$$T_9 = \frac{GL}{2} \quad (\text{N} \cdot \text{m}) \tag{11-5}$$

式中, $G$ 为所加砝码重力(N); $L$ 为加载杠杆长度, $L = 0.3$ m。

$T_1$ 、 $T_9$ 、 $\eta$ 的计算和显示均在后续配套软件程序中已编译好,可以从界面上直接读出。

### (三)测控系统

**1.系统框图**

电控箱内电子系统的结构框图如图11-3所示。

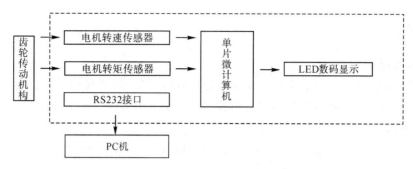

图 11-3　实验台测控系统结构框图

实验台电控箱内附设单片机,承担检测、数据处理、信息记忆、自动数字显示及传送等功能。可通过串行接口与计算机相连,由配套软件"齿轮传动实验"对所采集数据进行自动分析处理、显示及打印。

**2.操作部分**

操作部分主要集中在电控箱正面的面板上,面板的布置如图 11-4 所示:

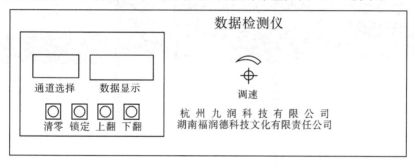

图 11-4　面板布置图

按键说明:

"清零"将当前扭矩置为零点,一般在实验开始前对扭矩值清零一次。

"锁定"手动采集时锁定当前的显示数据便于记录。

"上翻","下翻"转速与扭矩通道的显示切换。

在电控箱背面备有微机 RS232 接口,转矩、转速输入接口等,其布置情况如图 11-5 所示。其中,模拟通道 3 为压力传感器输入接口,数字通道 3 为光栅转速传感器输入接口,串行口为数据通信接口。

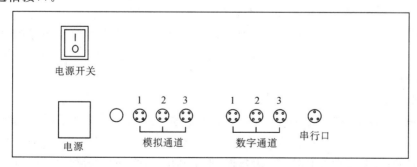

图 11-5　电控箱后板布置图

## 四、实验步骤

**1.系统联接及接通电源**

在接通电源前,先将实验台上的转矩信号输出线(较粗的信号线)及转速信号输出线分别插入电控箱后板的相应输入插口上,打开电控箱后面板上的电源开关,接通变频器电源。

**2.零点设置**

在实验台电机停转下,按"上翻""下翻"将电控箱各数据通道"清零"。

**3.启动、加载、数据采集与分析**

(1)启动软件:双击桌面上的"齿轮传动"图标,在打开的主界面下,点击"实验内容"菜单下的"测试"菜单项,进入测试界面(见图 11-6)。

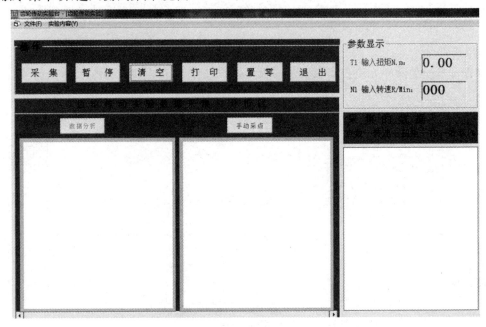

图 11-6 测试界面

(2)启动硬件设备:按下变频器的"RUN"键,电机启动,按"▲"将转速增加到 500～600 r/min(即电控箱数据通道 1 的数据显示值,而不是变频器的显示值),待实验台处于稳定空载运转后(若有较大振动,要按一下加载砝码吊篮或适当调节一下电机转速)。

(3)加载:在砝码吊篮上加上第一个砝码。观察输出转速及转矩值,待显示稳定(一般加载后转矩显示值跳动 2～3 次即可达稳定值)后,按一下"锁定键",使当时的转速及转矩值稳定不变,记录下该组数值。(在加载过程中,可适当按"▲"始终使电机转速基本保持在预定转速左右)。

(4)数据采集:单击测试界面"采集"→"手动采集"按钮即可记录下该组数据。然后再按一下电控箱面板的"锁定"键,继续测量;在吊篮上加上第二个砝码,重复上述操作,直至加上五个砝码。

(5)数据分析:根据所测定下的五组数据,单击测试界面下的"数据分析"按钮,可看到齿轮传动的传动效率 $\eta$-$T_9$ 曲线及 $T_1$-$T_9$ 曲线。

**4.审查实验结果**

指导老师审查实验结果是否正确。若正确,进行下一步骤,若不正确,重复上述步骤。

**5.关机、结束实验**

先慢慢逐个卸下所有砝码,按下变频器的"▼"键使电机的转速降到 100 r/min 以下,再按"STOP"键关闭电机。关闭电控箱的电源,关闭计算机,拔下总电源插头,结束实验。

## 五、完成实验报告(见附录)

# 实验十二　液体动压滑动轴承实验

## 一、实验目的

(1)掌握动压油膜形成的条件及形成过程。

(2)掌握油膜承载能力随载荷、转速的变化规律及轴向压力的分布情况。

(3)了解径向滑动轴承的摩擦系数的测量方法。

## 二、实验内容

(1)观察径向滑动轴承液体动压润滑的形成过程和现象。

(2)测定和绘制径向滑动轴承径向油膜压力曲线,求轴承的承载能力。

(3)观察载荷和转速改变时油膜压力的变化情况。

(4)观察径向滑动轴承油膜的轴向压力分布的情况。

(5)测量径向滑动轴承的摩擦系数,绘制摩擦特性曲线。

## 三、实验设备

主要实验设备有 HZSB-Ⅲ型液体滑动轴承实验台、测控箱、计算机。实验台的结构如图 12-1 所示,主要由直流电机、传动装置、轴与轴瓦间的油膜压力测量装置、加载装置和摩擦系数测定装置等组成。

**1.实验台的传动装置**

由直流电机(1)通过 V 带(5)传动驱动主轴(7)沿顺时针(图 12-1 右侧为正面)方向转动,由单片机控制来实现轴的无级调速。本实验台轴的转速为 300~400 r/min,轴的转速由测控箱面板上的显示屏直接读出,或由软件界面内的读数窗口读出。

**2.轴与轴瓦间的油膜压力测量装置**

轴(29)的材料为 45 号钢,经表面淬火、磨光,由滚动轴承支承在箱体(30)上,轴的下半部浸泡在润滑油中,本实验台采用的润滑油的牌号为 0.34 Pa·s。轴瓦(28)的材料为铸锡铅青铜,牌号为 ZCuSn5Pb5Zn5(旧牌号为 ZQSn6-6-3)。在轴瓦的一个径向平面内沿圆周钻有 7 个小孔,每个小孔沿圆周相隔 20°,每个小孔联接一个压力传感器(19),用来测量该径向平面内相应点的油膜压力,由此可绘制出径向油膜压力分布曲线。沿轴瓦的一个轴向剖面装有两个压力传感器,用来观察有限长滑动轴承沿轴向的油膜压力情况。

**3.加载装置**

油膜的径向压力分布曲线是在一定的载荷和一定的转速下绘制的。当载荷改变或轴的转速改变时测出的压力值是不同的,所绘出的压力分布曲线的形状也是不同的。转速的改变方法同前所述。本实验台采用螺杆加载,转动螺杆(14)即可改变载荷的大小,所加载荷之值通过传感器(18)检测,直接在测控箱面板显示屏上(F 通道)读出(取中间值)。这种加载方式的主要优点是结构简单、可靠,使用方便,载荷的大小可任意调节。

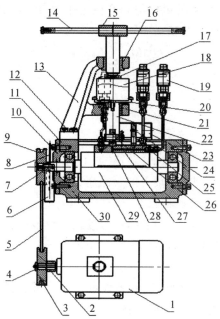

1—直流电动机；2—轴套；3—主动带轮；4—轴端挡圈；5—V带；6—传感器支座；7—光电传感器；
8—光靶盘；9—从动带轮；10—端盖；11—机体；12—螺钉；13—支臂；14—螺杆；15—螺旋加载杆；
16—螺套；17—承压头；18—荷重传感器；19—油压传感器；20—传感器底座；21—轴套；22—传力杆；
23—测力传感器；24—支耳；25—轴瓦；26—滚轮；27—油槽；28—油孔；29—主轴；30—机座。

图 12-1　HZSB-Ⅲ型液体滑动轴承实验台结构图

**4.摩擦系数 $f$ 测量装置**

径向滑动轴承的摩擦系数 $f$ 随轴承的特性系数 $\lambda = \eta n/p$ 值的改变而改变（$\eta$ 为油的动力黏度，$n$ 为轴的转速，$p$ 为压力，$p = P_负/(Bd)$，$P_负$ 为轴上的载荷，$B$ 为轴瓦的宽度，$d$ 为轴的直径，本实验台 $B = 106$ mm，$d = 75$ mm）。图 12-2 为 $f$-$\lambda$ 曲线图。

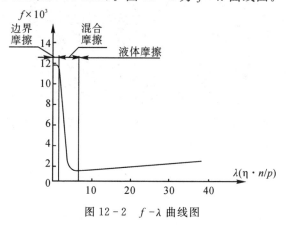

图 12-2　$f$-$\lambda$ 曲线图

在边界摩擦时，$f$ 随 $\lambda$ 的增大而变化很小（由于 $n$ 值很小，建议用手慢慢转动轴），进入混合摩擦后，$\lambda$ 的改变引起 $f$ 的急剧变化，在刚形成液体摩擦时 $f$ 达到最小值，此后，随 $\lambda$ 的增大油膜厚度亦随之增大，因而 $f$ 亦有所增大。

摩擦系数 $f$ 的值可通过测量轴承的摩擦力矩而得到。轴转动时，轴对轴瓦产生周向摩擦力 $F$，其摩擦力矩 $M_f = F \cdot d/2$，它使轴瓦翻转，轴瓦上测力压头将力传递至压力传感器，测力传感器的检测值乘以力臂长 $L$,就可以得到摩擦力矩值,由式(12-1)、(12-2)计算就可得到摩擦系数 $f$ 和摩擦特征系数 $\lambda$ 之值。

$$f = M_f/(P_负 \cdot d) \tag{12-1}$$

$$\lambda = \eta \cdot n/P_负 \tag{12-2}$$

## 四、实验方法与步骤

**1.系统连接**

(1)将光电传感器接至测控箱背板的"转速"通道上,从右至左依次将管路压力传感器接至测控箱上的模拟"油压"区 1~7 上,将轴上的管路压力传感器接至模拟通道 8 上,压力传感器接至"摩擦力矩"通道,荷重压力传感器接至"负载"通道上。

(2)将测控箱的电机电源线与电机相联,同时连接测控箱电源。

(3)将计算机与测控箱用串口线相联。

**2.启动、设备调零**

(1)启动软件:双击桌面上的"滑动轴承参数可视化分析实验台"图标,选择"实验项目选择"→"测试"菜单项,即可看到测试界面,如图 12-3 所示。

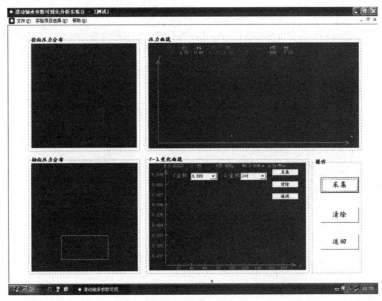

图 12-3　测试界面

(2)启动硬件设备:检查加载螺旋,确保和轴瓦完全松开,处于空载状态,打开测控箱电源。按"上翻""下翻"将各数据通道"清零"。顺时针旋转测控箱的黑色调速旋钮,将主轴的转速调整到一定值(可取 400 r/min 左右,转速值为测控箱面板的数据通道 0 的数据显示)。

**3.加载实验**

(1)旋转加载螺杆加 50 kg(加载值为测控箱面板的数据通道"F"的数据显示)。

(2)待各压力表的压力值稳定后,点击测试界面上的"数据采集"按钮,即可看见径向压力分布图、轴向压力分布图以及随时间变化的压力分布曲线。在"$f-\lambda$ 变化曲线图"中单击"采集"按钮,得到一个数据点。单击"暂停"按钮。

（3）再次加载5～10 kg,重复上述两步并逐次记录有关数据,填入实验报告的表格中(加载后转速降低,应适当调节测控箱的黑色调速旋钮使之保持转速第2步的预定值)。

**4.预览实验结果**

单击"$f-\lambda$ 变化曲线图"曲线图中"连线",可预览实验结果。

**5.卸载、关机**

将螺旋加载手柄逆时针旋转,使螺杆不与轴瓦接触,完全卸载。逆时针旋转测控箱的黑色调速旋钮,使电动机停下,关闭测控箱的电源,关闭计算机,拔下总电源插头。

## 五、实验数据处理与分析

**1.径向油膜压力分布图和轴向油膜压力分布图的绘制**

径向油膜压力和轴向油膜压力分布图(见图12-4)的具体画法是:沿着圆周表面从右到左划分出角度分别为 $30°$、$50°$、$70°$、$90°$、$110°$、$130°$、$150°$ 的等分点,得到油孔点 1、2、3、4、5、6、7 的位置。通过圆心 $O$ 与这些点连线,在各连线的延长线上,将油压传感器(比例尺:0.1 MP ＝ 5 mm)测出的压力值画出压力线 $1-1'$、$2-2'$、$3-3'$、…、$7-7'$。将 $1'$、$2'$…、$7'$各点连成光滑曲线,此曲线即为所测轴承一个径向截面的油膜径向压力分布曲线。

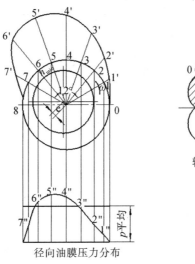 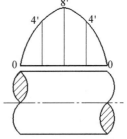

轴向油膜压力分布

径向油膜压力分布

图 12-4　径向油膜压力和轴向油膜压力分布图

为了确定轴承的承载量系数,用 $P_i\sin\varphi_i(i=1,2\cdots7)$ 求得向量 $1-1'$、$2-2'$、$3-3'$、…、$7-7'$在载荷方向(即 $y$ 轴)的投影值。角度 $\varphi_i$ 与 $\sin\varphi_i$ 的数值见表12-1。

**表 12-1　$\sin\varphi_i$ 的数值表**

| $\varphi$ | $30°$ | $50°$ | $70°$ | $90°$ | $110°$ | $130°$ | $150°$ |
|---|---|---|---|---|---|---|---|
| $\sin\varphi_i$ | 0.500 | 0.7660 | 0.9397 | 1.00 | 0.9397 | 0.7660 | 0.5000 |

将 $P_i\sin\varphi_i$ 这些平行于 $y$ 轴的向量移到直径线 0～8 上。为清楚起见,将直径线 0～8 平移到图 12-4 的下部,在直径线 0～8 上先画出轴承表面上油孔位置的投影点,然后通过这些投

影点画出上述相应的各点压力在载荷方向的分量,即 $1''$、$2''$、$\cdots$、$7''$等点,将各点平滑连接起来,所形成的曲线即为在载荷方向的压力分布。

轴向油膜压力分布图的绘制:轴承有效长度为 $B=60$ mm,在中点的垂线上按前面的比例尺标出 $P_8$ 的压力(端点为 $8'$),在距两端 $l/4$,即 15 mm 处沿垂线方向各标出压力 $P_i$,轴承两端压力对称分布连成一光滑曲线,即可得轴承油膜压力轴向分布曲线图。

**2.绘制摩擦系数 $f$ 与摩擦特征值 $\lambda$ 变化关系曲线**

根据计算出的摩擦系数 $f$ 和摩擦特征系数 $\lambda$(或直接用测试软件测得的 $f$ 和 $\lambda$),即可绘制出 $f-\lambda$ 关系曲线。

## 六、完成实验报告(见附录)

# 实验十三　轴系结构创新设计

## 一、实验目的

(1)了解并掌握轴承和轴上零件的结构与功用、工艺要求。

(2)观察轴与轴承及轴上零件的定位、固定调整方式及安装顺序。

(3)建立轴系结构的感性认识,并掌握轴系结构设计理论知识。

## 二、实验内容

(1)了解分析现有轴系结构形式、功能、装配关系。

(2)按题目要求设计一个轴系结构方案示意图。

(3)根据提供的实验装置与轴系方案示意图,创意组合轴系结构设计与分析。

## 三、实验设备

(1)JK-Ⅰ型创意组合式轴系结构设计实验箱;基于 SolidWorks 的轴系零件库。

(2)测量及绘图工具:300 mm 钢板尺、游标卡尺、内外卡钳、活动扳手、钢尺、起子、铅笔、三角板等。

实验箱提供设计组装圆柱齿轮轴系部件、小圆锥齿轮轴系部件及蜗杆轴系部件结构设计的全套零件,如表 13-1 所示。

表 13-1　实验箱内零件明细表

| 序号 | 类别 | 零件名称 | 件数 | 序号 | 类别 | 零件名称 | 件数 |
|---|---|---|---|---|---|---|---|
| 1 | 齿轮类 | 小直齿轮 | 1 | 14 | 轴承端盖类 | 凸缘式闷盖(脂用) | 1 |
| 2 | | 小斜齿轮 | 1 | 15 | | 凸缘式闷盖(油用) | 1 |
| 3 | | 大直齿轮 | 1 | 16 | | 大凸缘式闷盖(脂用) | 1 |
| 4 | | 大斜齿轮 | 1 | 17 | | 凸缘式闷盖(脂用) | 1 |
| 5 | | 小锥齿轮 | 1 | 18 | | 凸缘式闷盖(油用) | 3 |
| 6 | 轴类 | 直齿轮用轴 | 1 | 19 | | 大凸缘式闷盖(脂用) | 1 |
| 7 | | 直齿轮用轴 | 1 | 20 | | 嵌入式闷盖 | 2 |
| 8 | | 锥齿轮用轴 | 1 | 21 | | 嵌入式透盖 | 2 |
| 9 | | 锥齿轮轴 | 1 | 22 | | 凸缘式透盖(迷宫) | 1 |
| 10 | | 固游式用蜗杆 | 1 | 23 | 轴套类 | 甩油环 | 6 |
| 11 | | 两端固定用蜗杆 | 1 | 24 | | 挡油环 | 4 |
| 12 | 联轴器 | 联轴器 A | 1 | 25 | | 套筒 | 24 |
| 13 | | 联轴器 B | 1 | 26 | | 调整环 | 2 |

| 序号 | 类别 | 零件名称 | 件数 | 序号 | 类别 | 零件名称 | 件数 |
|---|---|---|---|---|---|---|---|
| 27 | 轴套类 | 调整垫片 | 16 | 34 | 轴承 | 轴承 206 | 2 |
| 28 | | 压板 | 4 | 35 | | 轴承 7206 | 2 |
| 29 | 支座类 | 锥齿轮轴用套杯 | 2 | 36 | | 轴承 36206、3206 | 各 2 |
| 30 | | 蜗杆用套杯 | 1 | 37 | 联接体 | 螺钉 M8×20 | 15 |
| 31 | | 直齿轮用支座 | 2 | 38 | | 平键 M8×35 | 4 |
| 32 | | 锥齿轮用支座 | 1 | 39 | | 平键 M8×20 | 4 |
| 33 | | 蜗杆轴用支座 | 1 | 40 | | 圆螺母 M30×1.5 | 2 |

## 四、实验内容与要求

(1)根据表 13-2 选择一组实验题号;

**表 13-2　轴系结构设计题目**

| 实验题号 | 已 知 条 件 | | | | |
|---|---|---|---|---|---|
| | 齿轮类型 | 载荷 | 转速 | 其他条件 | 示 意 图 |
| 1 | 小直齿轮 | 轻 | 低 | | |
| 2 | | 中 | 高 | | |
| 3 | 大直齿轮 | 中 | 低 | | |
| 4 | | 重 | 中 | | |
| 5 | 小斜齿轮 | 轻 | 中 | | |
| 6 | | 中 | 高 | | |
| 7 | 大斜齿轮 | 中 | 中 | | |
| 8 | | 重 | 低 | | |
| 9 | 小锥齿轮 | 轻 | 低 | 锥齿轮轴 | |
| 10 | | 中 | 高 | 锥齿轮与轴分开 | |
| 11 | 蜗杆 | 轻 | 低 | 发热量小 | |
| 12 | | 重 | 中 | 发热量大 | |

（2）构思轴系结构方案；

（3）基于 SolidWorks 的轴系零件库进行虚拟拼装；

（4）用轴系结构设计实验箱中的零部件进行实物拼装；

（5）绘制轴系结构装配图，完成实验报告一份。

## 五、实验步骤

1.明确实验内容，理解设计要求。

2.复习有关轴的结构设计与轴承组合设计的内容与方法。

3.构思轴系结构方案：

（1）根据齿轮类型选择滚动轴承型号。

（2）确定支承轴向固定方式（两端固定、一端固定一端游动）。

（3）根据齿轮圆周速度（高、中、低）确定轴承润滑方式（脂润滑、油润滑）。

（4）选择端盖形式（凸缘式、嵌入式）并考虑透盖处密封方式（毡圈、皮碗、油沟）。

（5）考虑轴上零件的定位与紧固，轴承间隙调整等问题。

（6）绘制轴系结构方案示意图。

4.基于 SolidWorks 的轴系零件库进行虚拟拼装（本项选做）：

（1）首先启动 SolidWorks 软件（2014 以上版本）。单击任务窗格中的"设计库"，再单击"添加文件位置"，指定硬盘中的"X：\SolidWorks Data\轴系零件库"；

（2）选择"文件"→"新建"→"装配体"选项，在窗口右边的"轴系零件库"中选择所需要的零部件，拖放到编辑窗口中来，再在各零件间添加"重合""同轴心"等恰当的配合，装配成需要的轴系部件。

（3）选择"评估"→"干涉检查"，单击"计算"，确保整个装配体无干涉。

（4）生成并编辑拼装的轴系部件的二维工程图，然后按国标（GB）制图规范标注。

5.用轴系结构设计实验箱中的零部件进行实物拼装。根据轴系结构方案，从实验箱中选取合适零件并组装成轴系部件、检查所设计组装的轴系结构是否正确。

6.测量零件结构尺寸（支座不用测量），并作好记录。

7.将所有零件放入实验箱内的规定位置，交还所借工具。

8.根据结构草图及测量数据，在 3 号图纸上用 1：1 比例绘制轴系结构装配图，要求装配关系表达正确，注明必要尺寸（如轴承跨距、齿轮直径与宽度、主要配合尺寸），填写标题栏和明细表。

## 六、完成实验报告(见附录)

# 实验十四 减速器拆装实验

减速器由封闭在刚性箱体内的齿轮传动或蜗杆传动等组成,具有固定传动比的独立传动部件。减速器具有结构紧凑、效率高和维护方便等特点,故广泛应用于各种机器传动中。减速器通常用来降低转速传递动力以适应机械的要求。在少数情况下,也用来增速传递动力,这时称为增速器。由于减速器功能单一、应用广泛,所以它的主要参数(中心距、传动比、模数、齿宽系数与齿数等)已标准化了,并由专业工厂成批生产。当然亦可根据具体情况和需要自行进行设计和制造。

**1.减速器的分类**

减速器的类型很多,其分类方法为:

(1)根据传动类型,可分为齿轮减速器、蜗杆蜗轮减速器、行星齿轮减速器、摆线针轮减速器、谐波齿轮减速器等。

(2)根据齿轮形状,可分为圆柱齿轮、圆锥齿轮和圆锥-圆柱齿轮减速器。

(3)根据传动的级数,可分为单级和多级减速器。单级圆柱齿轮减速器一般传动比 $i=1\sim8$。如果 $i>10$,则大小齿轮直径相差很大,减速器结构尺寸和重量也相应增加,这时可改用二级减速器或三级减速器。

(4)根据轴在空间的位置,可分为卧式减速器和立式减速器。

(5)根据传动的布置形式,可分为展开式,分流式和同轴式减速器。

**2.减速器的结构**

图 14-1 为二级圆柱齿轮减速器的典型结构图,一般主要由齿轮、轴、轴承和箱体等四部分组成。

减速器的箱体为安置传动件的基座,应保证传动轴线相互位置的正确性,因而轴孔必须精确加工,箱体本身必须具有足够的刚度,以免引起沿齿宽上载荷的不均匀。为了增加箱体的刚度,通常在箱体上加有筋板。

箱体通常分为箱座和箱盖两部分。为了便于装拆,其剖分面应与齿轮轴线所在平面相重合。剖分面之间不允许用垫片和其他任何填料(必要时为了防止漏油,允许在安装时涂一薄层水玻璃或密封胶),否则会破坏轴承和孔的配合。

箱体通常用灰铸铁(HT150 或 HT200)铸成。单件生产时也可用钢板焊接而成,可降低成本。箱盖和箱座之间用螺栓联接。为了使螺栓尽量靠近轴承孔,在箱体上做成凸台,但要注意留出扳手空间。

考虑到减速器在制造、装配及维护使用过程中的特点,还需要设置一些附件,例如:为了确保箱盖与箱座间相互位置的正确性,在剖分面凸缘上采用两个圆锥定位销;为了便于检视齿轮的啮合情况和注入润滑油,在箱盖上开设观察孔,平时观察孔用螺钉拧紧;为了更换润滑油,在箱座下部设有放油孔,平时用螺栓堵住;为了检查箱体内润滑油的多少,设有油面指示器或油标尺;考虑到减速器长时间运转,油温会逐步升高,引起箱体内气体膨胀而造成漏油,在箱盖上设有通气器;为了便于装拆和搬运,在箱盖上设有吊环;提升整个减速器时则用箱座两侧的吊钩;为了拆卸箱盖方便,在其凸缘上制有一个或两个螺纹孔,拧入螺钉后即可顶起箱盖。

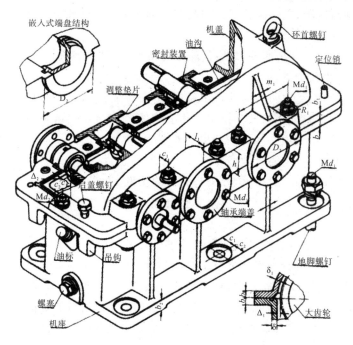

图 14-1 二级圆柱齿轮减速器的结构图

## 一、实验目的及要求

(1)对减速器、箱体、齿轮、轴和轴承等部件和零件进行全面细致的观察,了解其结构特点和作用。

(2)对减速器的主要参数和结构尺寸进行必要的测量。为课程设计时能设计一台合理的减速器打下良好的基础。

(3)了解各种类型减速器的特点及其使用范围。

(4)细致观察了解一级或二级圆柱齿轮减速器箱体的结构特点及其功能。

(5)详细观察了解轴和齿轮的结构特点和功能。

(6)了解轴承端盖、观察孔、油面指示器、通气器、出油孔、定位销、启盖螺钉等所处的位置、结构特点及其应用。

(7)了解各零件之间的相对位置。必要时进行一些测量。例如齿轮齿顶圆、齿轮端面与箱体间的距离;轴承端面与箱体内壁的距离;箱体联接螺钉和地脚螺钉孔的间距等。

## 二、实验设备

各种单级圆柱齿轮减速器、蜗杆蜗轮减速器、双级圆柱齿轮减速器和圆锥圆柱齿轮减速器,扳手,游标卡尺,直尺,内外卡钳,木榔头等。

## 三、实验步骤

(1)观察、了解并记录本实验室的减速器类型。

（2）选择一台减速器，观察减速器外貌，从外表上了解各零部件所处的位置和结构特点及其应用。正反转动高速轴，手感齿轮啮合的侧隙。轴向移动高速轴和低速轴，手感轴系的轴向游隙。

（3）打开观察孔盖，转动高速轴，观察齿轮啮合情况，注意观察孔的联结螺钉数目和所在位置，观察通气器的形状和位置。

（4）取下高速轴和低速轴两端的轴承端盖，取出定位销钉和箱盖的轴承端盖螺钉，再取出箱体联接螺钉，然后旋动启盖螺钉，等箱盖离开下箱体 3～5 mm 后，利用吊环螺钉取下箱盖，并翻转 180°放置平稳，以免损伤接合面和出意外事故。

注意：所拆卸的零件一定要合理摆放。

（5）观察各零部件间的相对位置，并进行必要的测量。

（6）取出轴承端盖，取出轴系部件放于实验台上，详细观察了解齿轮、轴等轴系结构，并进行必要的测量。

（7）观察箱体、箱盖的内外部结构和形状并进行必要的测量。

（8）对其他辅助部件进行观察并进行必要的测量。

（9）各部分工作完成后，用棉丝擦净各零部件，开始装配。首先放入轴系部件，再装入轴承端盖并旋入下箱体上的端盖螺钉，注意不要拧紧，然后旋回启盖螺钉再装好箱盖，打入定位销钉，旋入箱盖上的端盖螺钉，装入箱体联接螺钉并拧紧，然后拧紧端盖螺钉，最后装好观察孔盖。

## 六、完成实验报告（见附录）

# 实验十五　机械传动系统设计与性能测试分析

## 一、实验目的

(1)系统地全面掌握机械传动、联接件的功能和设计原理。

(2)系统地了解并认识机械系统性能参数在实际机械系统中的变化。

(3)学生自主创意组合,拼装机械传动系统。

(4)了解传感器、数据处理、数据检测、数据分析等原理。

## 二、实验设备

(1)JYCS-Ⅲ型机械系统性能研究及参数可视化分析实验台。

(2)各种机械传动、传感器、检测系统和数据处理软件。

本实验台采用模块化结构,由不同种类的机械传动装置、联轴器、变频电机、加载装置和工控机等模块组成,学生可以根据选择或设计的实验类型、方案和内容,自己动手进行传动连接、安装调试和测试,进行设计性实验、综合实验或创新性实验。

机械传动性能综合测试实验台各硬件组成部件的结构布局如图 15-1 所示。

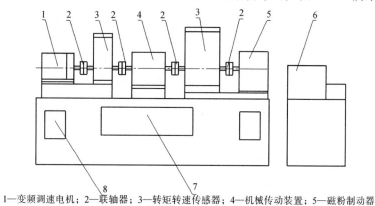

1—变频调速电机;2—联轴器;3—转矩转速传感器;4—机械传动装置;5—磁粉制动器
6—工控机;7—控制台;8—主机启动按钮及开关。

图 15-1　机械传动性能综合测试实验台结构图

实验台组成部件的主要技术参数如表 15-1 所示。

**表 15-1　实验台组成部件的主要技术参数**

| 序号 | 组成部件 | 技术参数 | 备注 |
|---|---|---|---|
| 1 | 变频调速电机 | 550 W | |
| 2 | NJ 型转矩转速传感器 | Ⅰ.规格 10 N·m;<br>输出信号幅度不小于 100 mV<br>Ⅱ.规格 50 N·m<br>输出信号幅度不小于 100 mV | |

续表

| 序号 | 组成部件 | 技术参数 | 备注 |
|---|---|---|---|
| 3 | 机械传动装置（试件） | 直齿圆柱齿轮减速器 $i=5$<br>摆线针轮减速器 $i=9$<br>蜗杆减速器 $i=10$<br>V 型带传动<br>齿形带传动 $P_b=9.525$  $Z_b=80$<br>套筒滚子链传动 $Z_1=12$  $Z_2=21$<br>万向节传动 | 1 台<br>1 台<br>WPA50 - 1/10<br>A 型带 3 根<br>1 根<br>10A - 1 型 1 根 |
| 4 | 磁粉制动器 | 额定转矩：20 N·m<br>激磁电流：2 A<br>允许滑差功率：1.1 kW | |
| 5 | 工控机 | | |

## 三、实验内容

分为两种类型实验（见表 15 - 2），学生可自主选择或设计实验类型与实验内容。

**表 15 - 2  实验项目表**

| 类型编号 | 实验名称 | 被测试件 | 实验内容 | 备注 |
|---|---|---|---|---|
| A | 传动系统组合布置优化实验 | 由典型机械传动装置按设计思路组合 | 1.创意设计一个机械系统传动方案；<br>2.选择实验用零部件及机构，并拼装出该传动系统；<br>3.测试该传动系统的传动性能参数并进行分析 | 被测试件见附表15-1，拓展性实验设备需外购 |
| B | 新型机械传动性能测试实验 | 新开发研制的机械传动装置 | 1.实验设计；<br>2.设计制作传动装置和实验台的连接零件；<br>3.安装连接被测试件；<br>4.测试被测试件的传动性能参数并进行分析 | 被测试件由相关科研课题设计开发 |

## 四、实验主要步骤

**1.认真阅读设备使用说明书**

**2.机械传动系统的搭接创意组合实验**

（1）了解实验台提供的机械传动零部件的性能特点。

（2）构思一种机械传动系统方案（如 V 带传动-齿轮减速器传动系统方案）。

（3）选择机械传动零部件按照传动系统方案进行搭接组合；布置、安装被测机械传动装置（系统）时，注意选用合适的调整垫块，确保传动轴之间的同轴线要求。

(4)接通电源。

(5)顺时针旋转打开"紧急按钮"。

(6)按下"主机启动按钮",电机冷却机开始工作。

(7)将"程控""手动"开关切换至程控。

**3.机械传动性能测试实验**

(1)双击桌面"机械传动台测试系统""Test"图标,打开测试软件。

(2)单击软件右上角"开始采样",软件进入工作状态。

(3)在右中部转速控制栏输入"1000",单击切换区域按钮图标切换至自动。

(4)在"扭矩"栏中输入"5",单击切换区域按钮图标切换至自动。

(5)在"频率"栏中输入"3000",然后立即单击"频率"栏使其增加"3000"以上任意值。

(6)在负载栏中输入"5"。

(7)待软件界面输入端转速(即电机转速)在 1000 左右时,单击中部图标 (手动记录数据)。

(11)在"负载"栏中依次输入"10、15、20、25、30、35",且依次单击中部图标 (手动记录在不同负载下各参数的数据)。

(12)在主菜单中选择"分析"→"绘制曲线"选项,便可绘制以负载为横坐标的"效率""输入功率""输出功率""输入转矩""输出转矩"的曲线。

**4.整理实验报告**

(1)整理实验数据,将测试数据以表格或者参数图线等形式表示。绘出以负载为横坐标的"效率""输入功率""输出功率""输入转矩""输出转矩"的曲线。

(2)对实验结果进行分析。比较不同传动装置在相同负载下机械传动效率。

(3)对两种传动方案进行评价。

## 四、实验报告(研究报告)主要内容要求

**1.实验内容**

(1)实验目的。

(2)机械传动系统方案设计(或新型传动装置的结构组成)。

(3)实验原理及设备。

(4)实验设计。

(5)实验装置的布置与连接(包括有关连接零件的设计和制作)。

(6)实验步骤。

(7)实验结果及分析。

(8)实验结论。

(9)参考文献。

**2.要求**

(1)实验研究报告层次分明,叙述简明扼要,设计计算完整,数据处理规范、分析透彻。全文控制在 8～15 页以内,按上述内容撰写、并附参考文献。不加封面。使用 Word 2007 及以上版本编排。

（2）页面要求：A4 页面。页边距：上 25 mm，下 25 mm，左、右各 20 mm。标准字间距，单倍行间距。不要设置页眉，页码位于页面底部居中。

（3）图表要求：插图按序编号，并加图名（位于图下方），采用嵌入型版式。图中文字用小五号宋体，符号用小五号 Times New Roman（矢量、矩阵用黑斜体）；坐标图的横纵坐标应标注对应量的名称和符号/单位。表格按序编号，并加表题（位于表上方）。采用三线表，必要时可加辅助线。

（4）字号、字体要求：正文用宋体五号，一级标题用宋体小四号字，二级标题用宋体五号加粗。

## 附件 1　机械传动系统组合方案列表

### 附表 15－1　传动系统组合方案

| 序号 | 传动系统组合方案 | 传动搭接路线 |
|---|---|---|
| 1 | V 带传动实验 | 变频调速电机—10N 转矩转速传感器—V 带及带轮—50N 转矩转速传感器—磁粉制动器 |
| 2 | 同步带传动实验 | 变频调速电机—10N 转矩转速传感器—同步带及同步带轮—50N 转矩转速传感器—磁粉制动器 |
| 3 | 链轮传动实验 | 变频调速电机—10N 转矩转速传感器—滚子链及链轮—50N 转矩转速传感器—磁粉制动器 |
| 4 | 齿轮传动实验 | 变频调速电机—10N 转矩转速传感器—直齿圆柱齿轮减速箱—50N 转矩转速传感器—磁粉制动器 |
| 5 | 摆线针轮传动实验 | 变频调速电机—10N 转矩转速传感器—摆线针轮减速器—50N 转矩转速传感器—磁粉制动器 |
| 6 | 蜗轮蜗杆传动实验 | 变频调速电机—10N 转矩转速传感器—蜗轮减速器—50N 转矩转速传感器—磁粉制动器 |
| 7 | V 带-齿轮组合实验 | 变频调速电机—10N 转矩转速传感器—V 带及带轮—直齿圆柱齿轮减速箱—50N 转矩转速传感器—磁粉制动器 |
| 8 | 齿轮-V 带组合实验 | 变频调速电机—10N 转矩转速传感器—直齿圆柱齿轮减速箱—V 带及带轮—50N 转矩转速传感器—磁粉制动器 |
| 9 | 同步带-齿轮组合实验 | 变频调速电机—10N 转矩转速传感器—同步带及同步带轮—直齿圆柱齿轮减速箱—50N 转矩转速传感器—磁粉制动器 |
| 10 | 齿轮-同步带组合实验 | 变频调速电机—10N 转矩转速传感器—直齿圆柱齿轮减速箱—同步带及同步带轮—50N 转矩转速传感器—磁粉制动器 |
| 11 | 链-齿轮组合实验 | 变频调速电机—10N 转矩转速传感器—滚子链及链轮—直齿圆柱齿轮减速箱—50N 转矩转速传感器—磁粉制动器 |
| 12 | 齿轮-链组合实验 | 变频调速电机—10N 转矩转速传感器—直齿圆柱齿轮减速箱—滚子链及链轮—50N 转矩转速传感器—磁粉制动器 |

续表

| 序号 | 传动系统组合方案 | 传动搭接路线 |
|---|---|---|
| 13 | V带-链传动组合实验 | 变频调速电机—10N 转矩转速传感器—V 带及带轮—滚子链及链轮—50N 转矩转速传感器—磁粉制动器 |
| 14 | 链-V带组合实验 | 变频调速电机—10N 转矩转速传感器—滚子链及链轮—V 带及带轮—50N 转矩转速传感器—磁粉制动器 |
| 15 | V带-蜗轮蜗杆组合实验 | 变频调速电机—10N 转矩转速传感器—V 带及带轮—蜗轮减速器—50N 转矩转速传感器—磁粉制动器 |
| 16 | 蜗轮蜗杆-V带组合实验 | 变频调速电机—10N 转矩转速传感器—蜗轮减速器—V 带及带轮—50N 转矩转速传感器—磁粉制动器 |
| 17 | 同步带-蜗轮蜗杆组合实验 | 变频调速电机—10N 转矩转速传感器—同步带及同步带轮—蜗轮减速器—50N 转矩转速传感器—磁粉制动器 |
| 18 | 蜗轮蜗杆-同步带组合实验 | 变频调速电机—10N 转矩转速传感器—蜗轮减速器—同步带及同步带轮—50N 转矩转速传感器—磁粉制动器 |
| 19 | 链-蜗轮蜗杆组合实验 | 变频调速电机—10N 转矩转速传感器—滚子链及链轮—蜗轮减速器—50N 转矩转速传感器—磁粉制动器 |
| 20 | 蜗轮蜗杆-链组合实验 | 变频调速电机—10N 转矩转速传感器—蜗轮减速器—滚子链及链轮—50N 转矩转速传感器—磁粉制动器 |
| 21 | V带-摆线针轮组合实验 | 变频调速电机—10N 转矩转速传感器—V 带及带轮—摆线针轮减速器—50N 转矩转速传感器—磁粉制动器 |
| 22 | 摆线针轮-V带组合实验 | 变频调速电机—10N 转矩转速传感器—摆线针轮减速器—V 带及带轮—50N 转矩转速传感器—磁粉制动器 |
| 23 | 同步带-摆线针轮组合实验 | 变频调速电机—10N 转矩转速传感器—同步带及同步带轮—摆线针轮减速器—50N 转矩转速传感器—磁粉制动器 |
| 24 | 摆线针轮-同步带组合实验 | 变频调速电机—10N 转矩转速传感器—摆线针轮减速器—同步带及同步带轮—50N 转矩转速传感器—磁粉制动器 |
| 25 | 链-摆线针轮组合实验 | 变频调速电机—10N 转矩转速传感器—滚子链及链轮—摆线针轮减速器—50N 转矩转速传感器—磁粉制动器 |
| 26 | 摆线针轮-链组合实验 | 变频调速电机—10N 转矩转速传感器—摆线针轮减速器—滚子链及链轮—50N 转矩转速传感器—磁粉制动器 |
| 27 | 平带传动实验 | 变频调速电机—10N 转矩转速传感器—平带及带轮—50N 转矩转速传感器—磁粉制动器 |
| 28 | 平带-V带组合实验 | 变频调速电机—10N 转矩转速传感器—平带及带轮—V 带及带轮—50N 转矩转速传感器—磁粉制动器 |
| 29 | 平带-链传动组合实验 | 变频调速电机—10N 转矩转速传感器—平带及带轮—滚子链及链轮—50N 转矩转速传感器—磁粉制动器 |

| 序号 | 传动系统组合方案 | 传动搭接路线 |
|------|------------------|--------------|
| 30 | V带-平带组合实验 | 变频调速电机—10N 转矩转速传感器—V 带及带轮—平带及带轮—50N 转矩转速传感器—磁粉制动器 |
| 31 | 链传动-平带组合实验 | 变频调速电机—10N 转矩转速传感器—滚子链及链轮—平带及带轮—50N 转矩转速传感器—磁粉制动器 |
| 32 | 平带-齿轮组合实验 | 变频调速电机—10N 转矩转速传感器—平带及带轮—直齿圆柱齿轮减速箱—50N 转矩转速传感器—磁粉制动器 |
| 33 | 齿轮-平带组合实验 | 变频调速电机—10N 转矩转速传感器—直齿圆柱齿轮减速箱—平带及带轮—50N 转矩转速传感器—磁粉制动器 |
| 34 | 平带-蜗轮蜗杆组合实验 | 变频调速电机—10N 转矩转速传感器—平带及带轮—蜗轮减速器—50N 转矩转速传感器—磁粉制动器 |
| 35 | 蜗轮蜗杆-平带组合实验 | 变频调速电机—10N 转矩转速传感器—蜗轮减速器—平带及带轮—50N 转矩转速传感器—磁粉制动器 |
| 36 | 平带-摆线针轮组合实验 | 变频调速电机—10N 转矩转速传感器—平带及带轮—摆线针轮减速器—50N 转矩转速传感器—磁粉制动器 |
| 37 | 摆线针轮-平带组合实验 | 变频调速电机—10N 转矩转速传感器—摆线针轮减速器—平带及带轮—50N 转矩转速传感器—磁粉制动器 |
| 38 | 平带-同步带组合实验 | 变频调速电机—10N 转矩转速传感器—平带及带轮—同步带及同步带轮—50N 转矩转速传感器—磁粉制动器 |
| 39 | 同步带-平带组合实验 | 变频调速电机—10N 转矩转速传感器—同步带及同步带轮—平带及带轮—50N 转矩转速传感器—磁粉制动器 |

## 附件 2　典型传动系统方案部件装配示意图参考图例

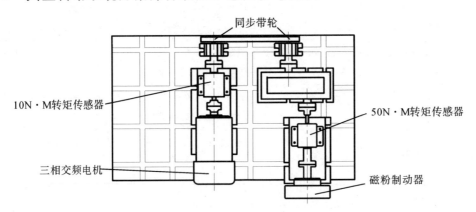

附图 15-1　方案 9(同步带-直齿圆柱齿轮传动)

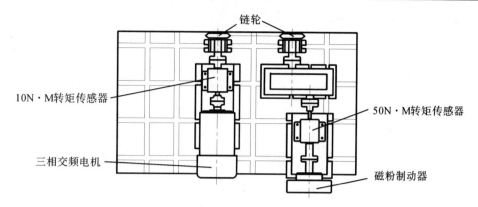

附图 15-2　方案 11(链传动-直齿圆柱齿轮传动)

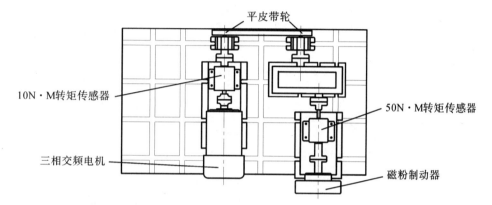

附图 15-3　方案 32(平带-直齿圆柱齿轮传动)

# 附录　实验报告

## 实验二　机构运动简图的测绘和分析实验报告

专业_____　年级_____　班级_____　姓名_____　评分_____

一、测绘的机构运动简图及其分析

| 序号 | 机构名称及运动简图 | 自由度计算及 $\mu_L$ |
|---|---|---|
| 1 | 名称： | $\mu_L=$　　　　　m/mm<br>活动构件数 $n=$<br>低副数 $P_L=$<br>高副数 $P_H=$<br>机构自由度<br>$F=3n-2P_L-P_H=$ |
| 2 | 名称： | $\mu_L=$　　　　　m/mm<br>活动构件数 $n=$<br>低副数 $P_L=$<br>高副数 $P_H=$<br>机构自由度<br>$F=3n-2P_L-P_H=$ |
| 3 | 名称： | $\mu_L=$　　　　　m/mm<br>活动构件数 $n=$<br>低副数 $P_L=$<br>高副数 $P_H=$<br>机构自由度<br>$F=3n-2P_L-P_H=$ |

二、简答题

1.机构运动简图有什么作用？一个正确的机构运动简图应能说明哪些内容？

2.机构自由度的计算对测绘机构简图有何帮助？

3.绘简图时应怎样选择投影面？

三、收获与建议

# 实验四　渐开线齿轮参数测定实验报告

专业_____　年级_____　班级_____　姓名_____　评分_____

一、实验数据记录

| 测量项目 | 齿轮 1 NO. | | | | 齿轮 2 NO. | | | |
|---|---|---|---|---|---|---|---|---|
| | 1 | 2 | 3 | 平均值 | 1 | 2 | 3 | 平均值 |
| 齿数 $Z$ | | | | | | | | |
| 计算跨齿数 $k$(式 4－3) | | | | | | | | |
| 公法线长度 $W_k'$(测量值) | | | | | | | | |
| 公法线长度 $W_{k+1}'$(测量值) | | | | | | | | |
| 基节 $P_b$(式 4－1) | | | | | | | | |
| 齿厚 $S_b$(式 4－2) | | | | | | | | |
| 确定模数 $m$(式 4－4) | 取标准值 $m=$ | | | | 取标准值 $m=$ | | | |
| 压力角 $\alpha$ | | | | | | | | |
| 标准齿轮的公法线长度 $W_k$(计算值式 4－6) | | | | | | | | |
| 是否标准齿轮(计算值与测量值比较) | | | | | | | | |
| 确定变位系数 $x$(式 4－7) | | | | | | | | |
| 判断齿轮类型 | | | | | | | | |
| 是否一对能互相啮合的齿轮 | | | | | | | | |
| 判断传动类型 | | | | | | | | |
| 计算啮合角 $\alpha'$(式 4－8) | | | | | | | | |
| 计算中心距 $a'$(式 4－9) | | | | | | | | |
| 分度圆分离系数 $y$ | $y=(a'-a)/m=$ | | | | | | | |
| 齿顶高变动系数 $\Delta y$ | $\Delta y = x_1 + x_2 - y =$ | | | | | | | |
| 齿顶圆直径 $d_a'$(测量值) | | | | | | | | |
| 齿根圆直径 $d_f'$(测量值) | | | | | | | | |
| 确定齿顶高系数 $h_a^*$(式 4－17) | 取标准值 $h_a^*=$ | | | | 取标准值 $h_a^*=$ | | | |
| 确定顶隙系数 $C^*$(式 4－18) | 取标准值 $C^*=$ | | | | 取标准值 $C^*=$ | | | |
| 齿顶圆直径 $d_a$(计算值式 4－15) | | | | | | | | |
| 齿根圆直径 $d_f$(计算值式 4－16) | | | | | | | | |
| 比较 $d_a$ 与 $d_a'$ | | | | | | | | |
| 比较 $d_f$ 与 $d_f'$ | | | | | | | | |
| 验证 $m$、$x$、$\Delta y$ 是否正确 | | | | | | | | |

二、简答题

1.测量公法线长度时,游标卡尺卡脚放在渐开线齿廓工作段的不同位置上(但保持与齿廓相切),对测量结果有无影响?为什么?

2.测量齿顶圆直径 $d_a$ 与齿根圆直径 $d_f$ 时,对偶数齿与奇数齿轮在测量方法上有何不同?

3.收获与建议。

# 实验七　慧鱼机构创新实验报告

专业＿＿＿＿＿＿　年级＿＿＿＿＿＿　班级＿＿＿＿＿＿　姓名＿＿＿＿＿＿　合作者＿＿＿＿＿＿

一、拼装好的模型照片

二、机构运动简图或机构示意图

三、简要说明所拼装模型的结构组成、工作原理和能完成的动作或功能

四、作品未考虑周全的地方或有待完善的地方,具体的改进方案有哪些?

五、编写的 ROBO Pro 图形化程序截图

# 实验八　机构组合创新设计实验报告

专业班级_____　年级_____　班级_____　姓名_____　合作者_____

一、机构运动简图（要求符号规范并标注参数）

二、机构照片

三、机构有_____个活动构件。有_____个低副，其中转动副_____个，移动副____个。有_____个高副，其中齿轮副_____个，蜗杆蜗轮副_____个，凸轮副____个。有_____个复合铰链，在_____处。有_____个局部自由度，在_____处。有_____个虚约束，在_____处。

四、机构自由度数数目为 $F = 3n - 2P_L - P_H$
$$= 3 \times \quad - 2 \times \quad - \quad =$$

五、机构_____个原动件。在_____处用_____驱动，模拟_____的运动；在_____处用_____驱动，模拟_____的运动；在_____处用_____驱动，模拟_____的运动。

六、针对原设计要求，按照实验结果简述机构的有关杆、副是否运动到位、曲柄是否存在、是否实现急回、最小传动角数值、是否有"憋劲"现象。（原设计题无要求的项目可以不涉及）

七、指出在机构中自己有所创新之处

八、指出机构的不足之处，简述进一步改进的设想

# 实验九　螺栓联接综合测试与分析实验报告

专业_____　年级_____　班级_____　姓名_____　评分_____

一、实验目的

二、实验设备

三、实验数据及分析

1.实验数据

| 实验台状态 | 采集次数 | 螺栓拉应变 | 螺栓扭应变 | 八角环应变 | 挺杆压应变 | 螺栓的刚度 $C_b$ | 八角环的刚度 | 螺栓拉力 $F_2$ | 残余预紧力 $F_1$ | 挺杆压力 $F$ |
|---|---|---|---|---|---|---|---|---|---|---|
| Ⅰ | 1 | | | | | | | | | |
| | 2 | | | | | | | | | |
| | 3 | | | | | | | | | |
| | 4 | | | | | | | | | |
| | 5 | | | | | | | | | |
| | 6 | | | | | | | | | |
| Ⅱ | 1 | | | | | | | | | |
| | 2 | | | | | | | | | |
| | 3 | | | | | | | | | |
| | 4 | | | | | | | | | |
| | 5 | | | | | | | | | |
| | 6 | | | | | | | | | |
| Ⅲ | 1 | | | | | | | | | |
| | 2 | | | | | | | | | |
| | 3 | | | | | | | | | |
| | 4 | | | | | | | | | |
| | 5 | | | | | | | | | |
| | 6 | | | | | | | | | |

2.实验数据的处理（作出联接件和被联接件的受力和应变变化的关系图）。

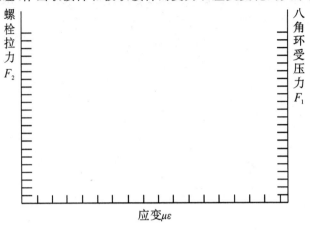

四、实验结论

# 实验十  带传动实验报告

专业_____  年级_____  班级_____  姓名_____  评分_____

一、实验目的

二、实验设备

三、测得及计算出的实验数据

初拉力 $F_0 = $ _____

| 加载次数 | 主动轮转速 $N_1/(\text{r/min})$ | 从动轮转速 $N_2/(\text{r/min})$ | 主动轮扭矩 $T_1/(\text{N} \cdot \text{m})$ | 从动轮扭矩 $T_2/(\text{N} \cdot \text{m})$ | 效率 $\eta/\%$ | 滑动率 $\varepsilon/\%$ |
|---|---|---|---|---|---|---|
| 空载 | | | | | | |
| 1 | | | | | | |
| 2 | | | | | | |
| 3 | | | | | | |
| 4 | | | | | | |
| 5 | | | | | | |
| 6 | | | | | | |
| 7 | | | | | | |
| 8 | | | | | | |

四、绘制带传动的滑动率曲线和效率曲线

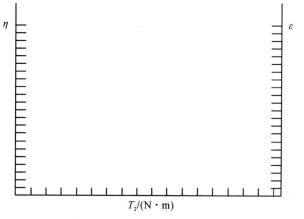

五、回答下列问题

1.带传动的弹性滑动和打滑现象是如何产生的？

2.弹性滑动和打滑现象对带传动有何影响？能否采取措施予以消除？

3.解释实验所得滑动曲线和效率曲线的变化规律。

# 实验十一　齿轮传动效率实验报告

专业_____　　年级_____　　班级_____　　姓名_____　　评分_____

一、实验目的

二、实验原理

三、实验设备

三、齿轮传动效率的测定（数据记录在下表内）。

| 采集数据 | 1 | 2 | 3 | 4 | 5 | 6 | 7 | 8 |
|---|---|---|---|---|---|---|---|---|
| 电动机转速 $n$/(r/min) | | | | | | | | |
| 电动机输出转矩 $T_1$/(N·m) | | | | | | | | |
| 封闭力矩 $T_9$/(N·m) | | | | | | | | |
| 效率 $\eta$ | | | | | | | | |

四、齿轮传动效率 $\eta$-$T_9$ 曲线及 $T_1$-$T_9$ 曲线。

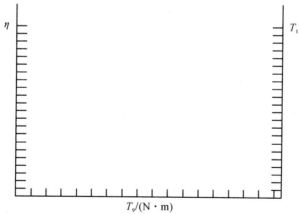

五、实验数据和实验结果分析

# 实验十二　液体动压滑动轴承实验报告

专业＿＿＿＿＿　年级＿＿＿＿＿　班级＿＿＿＿＿　姓名＿＿＿＿＿　评分＿＿＿＿＿

一、实验目的

二、实验原理

三、实验设备

四、实验数据

| $n/(r/min)$ | $P_负/kg$ | 油压读数/kg/cm$^2$ | | | | | | | | 摩擦力矩 $M_f/(N \cdot m)$ | $f$ | $\lambda$ |
| --- | --- | --- | --- | --- | --- | --- | --- | --- | --- | --- | --- | --- |
| | | $P_1$ | $P_2$ | $P_3$ | $P_4$ | $P_5$ | $P_6$ | $P_7$ | $P_8$ | | | |
| | | | | | | | | | | | | |
| | | | | | | | | | | | | |
| | | | | | | | | | | | | |
| | | | | | | | | | | | | |
| | | | | | | | | | | | | |

五、绘制径向油膜压力分布图

六、绘制摩擦系数 $f$ 与摩擦特征值 $\lambda$ 变化关系曲线

七、实验结果分析及结论

# 实验十三 轴系结构创新设计实验报告

专业_____ 年级_____ 班级_____ 姓名_____ 评分_____

一、实验目的

二、实验内容

实验题号

已知条件

三、实验结果

1.轴系结构设计说明：

(1)轴系部件的支承方式：_____。

(2)轴上零件的定位和固定方式：

左端轴承：_____；

右端轴承：_____；

齿轮(或蜗轮)：_____；

其他零件：_____；

(3)滚动轴承间隙调整方法：_____。

(4)小锥齿轮(或蜗轮)位置的调整方法：_____。

(5)滚动轴承的润滑方式：_____。

(6)滚动轴承的密封方式：_____。

(7)其他需要说明的内容：

2.轴系结构装配图(附3号图)。

# 实验十四 减速器拆装实验报告

专业_____ 年级_____ 班级_____ 姓名_____ 评分_____

一、实验目的

二、实验测得的主要参数和尺寸记录

| 序号 | 名称 | 实际测量尺寸/mm | 圆整或标准数据/mm |
|---|---|---|---|
| 1 | 各齿轮的齿数 | | |
| 2 | 减速器的总传动比 | | |
| 3 | 中心距 | | |
| 4 | 中心高 | | |
| 5 | 滚动轴承的型号 | | |
| 6 | 输入轴外伸(外径×长度) | | |
| 7 | 输出轴外伸(外径×长度) | | |
| 8 | 地脚螺钉孔(数量—直径) | | |
| 9 | 外形尺寸(长×宽×高) | | |
| 10 | 箱座、箱盖壁厚 | | |
| 11 | 箱盖凸缘厚度 | | |
| 12 | 箱座底部凸缘厚度 | | |
| 13 | 轴承旁联接螺栓直径 | | |
| 14 | 箱盖与箱座联接螺栓直径 | | |
| 15 | 大小齿轮齿顶圆至箱体内壁距离 | | |
| 16 | 小齿轮端面至箱体内壁距离 | | |
| 17 | 大齿轮齿顶圆至箱体内底面距离 | | |
| 18 | 轴承端面到箱体内壁距离 | | |

三、简述下列问题

1.你所拆装的减速器是几级传动?传动比是多少?

2.减速箱内的齿轮结构属于何种形式?为什么输入轴上的齿轮做成齿轴型式?

3.分析各轴上各零件是如何固定？

4.为什么主动轴、中间轴和从动轴的直径是逐渐加大的？

5.观察箱体、箱盖上有哪些加工面？这些面为何要加工？

6.箱体箱盖上装轴承处为什么要加宽？有什么加强措施？

7.减速器上有无 3 类、7 类轴承？其间隙如何调整？

8.试说明齿轮和油润滑的轴承如何保证润滑？箱体上需哪些保证润滑的附件？如果轴承采用油脂润滑时,减速箱结构有哪些不同？

9.减速器是如何保证密封的?

10.轴承固定螺栓处的凸台高度是根据什么确定的?

11.减速器的观察孔、通气孔、吊环和吊耳等的作用是什么? 应设置在箱体何部位较好?

12.减速器上的定位销、起盖螺钉的作用是什么? 应布置在什么位置为好?

# 参考文献

[1] 孙桓,陈作模,葛文杰.机械原理[M].7 版. 北京:高等教育出版社,2006.

[2] 潘存云.机械原理[M].3 版.长沙:中南大学出版社,2019.

[3] 濮良贵,陈国定,吴立言.机械设计[M].10 版.北京:高等教育出版社,2019.

[4] 张祖立,程玉来,陶栋材.机械设计基础[M].2 版.北京:中国农业大学出版社,2014.

[5] 王先安,康辉民,杨文敏.机械设计基础[M].2 版. 长沙:中南大学出版社,2019.

[6] 工科基础课程教学指导委员会.高等学校工科基础课程教学基本要求[M].北京:高等教育出版社,2019.

[7] 杨昂岳,毛笠泓,夏宏玉.实用机械原理与机械设计实验技术[M].长沙:国防科技大学出版社,2009.

[8] 杨文敏,朱山立,吴明亮.虚实结合开设机构运动方案创新设计实验[J].实验技术与管理,2006(11):21 - 23.

[9] 杨文敏,刘大为,吴志立.轴系组合设计虚拟实验的设计与实践-基于 Solidworks[J].时代农机,2019(6):45 - 48.